Marina Schories

Buntes Weben mit Kindern

Marina Schories

BUNTES WEBEN mit Kindern

Ideen für Garn, Papier und Perlen

AUGUSTUS VERLAG

Inhalt

Vorwort

Welche Kleidung hast du gerade an? Bestimmt ist irgendetwas davon gewebt. Nicht der Pullover, das Unterhemd und die Socken – die sind aus einer Art Strickstoff gemacht – aber dein Hemd, deine Bluse oder deine Jeans. Aus Webstoffen sind auch die Vorhänge in deinem Zimmer oder die Tischdecke auf eurem Eßtisch genäht. Ja, sogar dein Schulranzen ist vermutlich aus einem Kunstfasergewebe hergestellt.

Dabei ist die Technik des Webens uralt – so alt, dass niemand genau sagen kann, wann die Menschen auf diese Idee, Stoffe anzufertigen, gekommen sind. Auf alle Fälle hatten schon die Germanen und die Schweizer Pfahlbauern vor etwa 5000 Jahren einfache Webstühle, immerhin 3000 Jahre vor Christi Geburt! Gewebt wird auf der ganzen Welt. Das Foto links zeigt zum Beispiel ein Kunstwerk aus Afrika: Da sitzt ein Mann an einem Webstuhl.

Heutzutage gibt es Maschinen, die in Windeseile endlose Stoffbahnen herstellen. Früher aber war das Weben reine Handarbeit – so wie bei den Dingen, die du in diesem Buch siehst.

Vielleicht denkst du beim Thema Weben als erstes an Fäden aus Baumwollgarn oder Wolle. Weben kann man aber mit allen möglichen Materialien: mit Bändern und Papierstreifen, mit Perlen, Gräsern und großen Flocken aus ungesponnener Wolle. Wie das geht, erkläre ich dir ganz genau, so dass du bald Bilder, Freundschaftsbänder, Jonglierbälle oder sogar ein langes Gitarrenband selbst anfertigen kannst.

Auf Seite 23 findest du einen Teppich für die Puppenstube. Ich hätte dir ja gern gezeigt, wie ein fliegender Teppich gewebt wird, aber ich habe die Zauberformel dafür nicht gefunden. Vielleicht hast du ja mehr Glück, dann lass es mich wissen …

Ich wünsche dir auf jeden Fall viel Spaß und Erfolg für deine ersten Webversuche!

Herzlich
Deine

Marina Schories

Auf, ab, auf: das Geheimnis des Webens

Beim Weben soll normalerweise ein Stück Stoff entstehen (dass zum Beispiel auch Wandbilder aus Ähren und Gräsern gewebt werden können, siehst du auf Seite 44). Dazu spannt man einige Fäden parallel nebeneinander auf einen Rahmen. Das kann ein richtiger Webrahmen sein wie auf dem Foto, aber auch eine Zigarrenkiste oder ein Bilderrahmen, in deren oberen und unteren Rand du jeweils eine Reihe von Nägeln schlägst. Zur Not tut es aber auch ein Stück Pappe – vielleicht die Rückwand eines alten Zeichenblocks –, die du in gleichmäßigen Abständen oben und unten einschneidest. Wichtig ist, dass alle Fäden parallel liegen und die Abstände nicht zu groß sind. Diese Fäden nennt man Kettfäden. Auf dem Foto links sind sie weiß.

Damit ein Stück Stoff aus den Kettfäden wird, müssen sie nun verbunden werden. Dazu nimmst du einen ganz langen Faden, den du entwe-

An diesem einfachen Webrahmen ist das Prinzip des Webens ganz leicht zu erkennen: Abwechselnd wird ein Kettfaden mit dem Weberschiffchen gehoben und gesenkt, so dass der Schussfaden einmal über und einmal unter dem Kettfaden zu liegen kommt. Metallstäbe verhindern, dass sich das Webstück zusammenzieht. Mit dem Kamm wird jeder einzelne Schussfaden fest an das schon gewebte Stück geschoben.

der in eine große Nadel, die Webnadel, fädelst oder auf ein längliches Stück Holz, das Weberschiffchen (siehe Foto), wickelst. Mit der Nadel oder dem Schiffchen fängst du unten an deinem Rahmen oder Pappkarton an zu weben: Du gehst unter den rechten äußeren Faden, überspringst den nächsten, gehst wieder unter dem dritten und über dem vierten Faden durch und so weiter. Den Faden ziehst du so nach, dass am Anfang ein kurzes Stück hängenbleibt. Das wird später vernäht. Achtung! Nicht zu fest ziehen, sonst flutscht der Faden versehentlich ganz raus! Mit einem grobzinkigen Kamm schiebst du diesen ersten Schussfaden – so heißt der nämlich – nach unten. Auf dem Foto links sind die Schussfäden hell- und dunkelrosa und dunkelrot.

Am Ende der Reihe wendest du und gehst in umgekehrter Richtung wieder zurück. Jetzt überspringst du die Fäden, unter denen du vorher durchgegangen bist und führst die Nadel oder das Schiffchen unter denen durch, die du vorher oben übersprungen hast. Mit dem Kamm schiebst du diesen zweiten Schussfaden ganz dicht auf den ersten, denn dein Gewebe soll ja nicht zu locker werden. Dieses regelmäßige Auf und Ab, bei dem immer ein Schussfaden über oder unter einem Kettfaden liegt, nennt man **Leinwandbindung** oder **Stopftechnik.**

So webst du Reihe für Reihe weiter und gehst abwechselnd über und unter den Kettfäden durch, bis der Rahmen voll ist. Wenn der Schussfaden aus ist, wickelst du einen neuen auf das Schiffchen oder fädelst ihn in die Webnadel ein und webst einfach weiter. Nicht am Rand, sondern immer in der Mitte des Webstücks wechseln und den Rest des alten und den Anfang des neuen Fadens ein Stück weit gleich verweben, dann sind sie gleich »vernäht«. Wenn du nicht immer den gleichen Faden nimmst, sondern mit verschiedenen Farben webst, entsteht ein lustiges Streifenmuster.

Achtung! Beim Reihenwechsel darfst du den Schussfaden nie fest anziehen, sonst wird dein Gewebe mit der Zeit immer schmaler. Besser: lockerer lassen und den Schussfaden mit dem Kamm gut nach unten schieben. Natürlich sollen sich dabei an den Kanten links und rechts auch keine Schlingen bilden. Mit der Zeit bekommst du schon das richtige Gefühl dafür. Manche Webrahmen, zum Beispiel der auf dem Foto, haben übrigens zwei Metallstangen, die man rechts und links einspannen und mit einweben kann, so dass sich das Gewebe auf keinen Fall verzieht. Wenn das Webstück fertig ist, ziehst du die Stangen einfach wieder heraus.

Jetzt kannst du schon ein bißchen experimentieren und zum Beispiel Fäden in zwei Farben gleichzeitig auf ein Schiffchen wickeln wie auf dem Foto unten. Oder du überspringst

Abwechselnd wird jeweils ein Kettfaden (weiß) gehoben und einer gesenkt.

Hier werden jeweils zwei Kettfäden gehoben und zwei gesenkt.

nicht nur einen, sondern jeweils gleich zwei Kettfäden. Auf diese Weise kannst du richtige Muster weben. Auf der Zeichnung oben ist oben ein Webstück abgebildet, bei dem immer ein weißer Kettfaden mit dem schwarzen Schussfaden aufgenommen oder übergangen wurde. In der unteren Hälfte geht der Schussfaden immer über zwei und unter zwei Kettfäden durch.

Beim Bilderweben wendest du nicht am Ende der Reihe, um zurückzuweben, sondern je nach Motiv schon nach einigen Fäden, so wie du es auf deiner Vorlage siehst (siehe Seite 15).

Und schließlich kannst du nicht nur hin und her, sondern auch rundherum weben. Dazu brauchst du einen Rundwebrahmen oder ein rundes Stück Pappe. Die Kettfäden werden immer von einer Seite des Kreises zur anderen gespannt, so dass sie sich in der Mitte treffen. Das sieht aus wie die Speichen an deinem Fahrrad. Wichtig: Die Zahl der Kettfäden muss ungerade sein, damit Kettfäden, die bei der einen Runde unter dem Schussfaden liegen, in der nächsten Runde darüber kommen.

Dann webst du von der Mitte nach außen immer rundherum. So kannst du Glasuntersetzer für deine Mutter, aber auch Jonglierbälle (Seite 29) oder Dufttiere (Seite 31) weben.

Strickwolle und Stoffstreifen: Man kann mit vielem weben

Normalerweise webt man natürlich mit Fäden: Sicher bekommst du von deiner Mutter Reste von Strickwolle oder Häkelgarn für deine ersten Versuche. Du kannst aber auch dünne Paketschnur (»Spagat«) als Kettfaden und Stoffstreifen für den Schuss verwenden. Auf diese Weise entstehen zum Beispiel die Fleckerlteppiche. Besondere Effekte erzielst du, wenn du ab und zu statt des Schussfadens eine Flocke ungesponnene Wolle zwischen die Kettfäden schiebst wie zum Beispiel beim Rucksack auf Seite 21.

Experimentiere einfach einmal mit verschiedenen Fäden: Schnur und Bast, glänzendes Baumwollgarn und langhaarige Mohairwolle, Stränge aus ungesponnener Wolle und Streifen aus alten Bettüchern …

Besonders einfach ist das Weben mit Papierstreifen, denn dazu braucht man keinen Rahmen. Trotzdem lassen sich viele praktische Dinge auf diese Weise herstellen: Tischsets, Hefteinbände oder Grußkarten zum Beispiel (siehe Seite 10).

Auch mit Bändern kannst du weben. Auf Seite 18/19 findest du einen Kissenbezug, der mit einem Gewebe aus Bändern verziert ist.

Sicher hast du schon öfters Armbänder mit bunten Mustern aus Perlen bewundert: Auch die kannst du ganz einfach selber weben. Den Rahmen dafür gibt's zu kaufen. Aus ein paar Brettchen und Nägeln kannst du aber auch mit deiner Mutter oder deinem Vater selbst einen bauen. Dann brauchst du nur noch Fäden, zum Beispiel Sticktwist, eine Handvoll bunter Indianerperlen aus Glas und eine Nadel. Wie's gemacht wird, liest du ab Seite 34.

Und dann kannst du dir natürlich noch eine Menge mehr selbst ausdenken. Als Anregung soll dir das Wandbild »Sonntagsspaziergang« auf Seite 44 dienen. Aber sicher hast du noch eine Menge weiterer Ideen.

Kleine Weberschiffchen bei jedem Modell geben den Schwierigkeitsgrad an:

- (1 Weberschiffchen) Ganz einfach: Das können schon deine jüngeren Geschwister.
- (2 Weberschiffchen) Leicht: Nach den ersten Übungen kein Problem!
- (3 Weberschiffchen) Knifflig: Etwas Erfahrung und Geduld sind schon nötig.

Weben mit Papier

Vielleicht habt ihr in der Schule schon einmal mit Papierstreifen gewebt. Manchmal findet man in Schreibwaren- oder Bastelgeschäften Fertigpackungen mit rechteckigen Glanzpapierblättern, deren mittlerer Teil in schmale Streifen geschnitten ist, und Glanzpapierstreifen, die man – auf, ab, auf – durch die Streifen in dem rechteckigen Blatt webt. Das ist praktisch. Lustiger ist es aber, wenn du dir das Material selbst zusammensuchst.

Zum Papierweben brauchst du:

- Papier (Glanzpapier, Wellpappe, Zeitschriften, Zeitungen, Kataloge, Geschenkpapier-Reste, Verlaufspapiere)
- Papierwebnadel
- eventuell feste Pappe für Schablonen
- Schere
- Bleistift
- Lineal
- Klebestift

So werden die Papierstreifen zum Weben in die Papierwebnadel eingefädelt. Die Zeichnung zeigt die Nadel einmal von oben und einmal von der Seite, jeweils mit eingefädeltem Papierstreifen (lila).

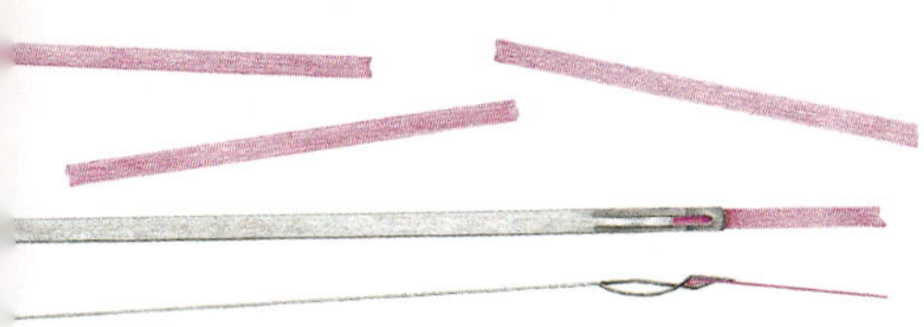

So wird's gemacht

Das Weben mit Papier ist ganz einfach: Nimm ein großes Blatt Papier, zum Beispiel Glanzpapier, und zeichne mit Bleistift und Lineal lauter gleich breite Streifen immer in gleichen Abständen nebeneinander (am besten auf die Rückseite, dann sind die Striche später nicht zu sehen). Oben, rechts und links lässt du einen breiten Streifen frei. Dann schneidest du mit der Schere das Papier entlang der Striche ein. Vorsicht: Nur bis zum oberen breiten Papierrand schneiden! Dieses Blatt – auf der Zeichnung oben ist es orangefarben – entspricht den Kettfäden.

Als »Schussfaden« schneidest du aus einem andersfarbigen Stück Glanzpapier (auf der Zeichnung lila) Streifen, die so breit sind wie die Streifen des großen Blattes. Die fädelst du einzeln in die Papierwebnadel (siehe Zeichnung) und webst in der Stopftechnik die lila Streifen zwischen die orangefarbenen. Fang oben am breiten Rand des orangefarbenen Blattes an und webe, bis das Blatt fast voll ist.

Am besten übst du das Papierweben mit einem solchen Blatt Glanzpapier, in das du schmale Papierstreifen einwebst. Hebe und senke auch ab und zu zwei orangefarbene Streifen, damit ein Muster entsteht.

Natürlich kannst du auch andere Muster ausprobieren. Auf der Zeichnung siehst du zum Beispiel einige Reihen, bei denen ein lila Streifen zwei oder gar drei orangefarbene Streifen überspringt.

Zum Schluß klebst du die Enden der lilafarbenen Streifen auf der Rückseite der Arbeit fest.

Mein Tip

Je schmaler die Streifen sind, desto länger dauert es, bis das Blatt vollgewebt ist. Außerdem reißen schmale Streifen leicht.

Probier doch einmal unterschiedlich breite Streifen für ein Webstück aus!

Hefteinband

(Auf dem Foto unten links)

Einen solchen Hefteinband hat sicher niemand in deiner Klasse – noch, denn alle werden wissen wollen, wie er gemacht wird. Das Material kommt jeden Tag ins Haus: die Tageszeitung.

Material

- alte Zeitung (je älter, desto weniger färbt die Druckerschwärze ab)
- Isolierband, rot
- Papierwebnadel
- Schere
- Bleistift
- Lineal
- Klebestift
- Etikett (gekauft oder selbstgemacht)

So wird's gemacht

Nimm für deinen Hefteinband nicht gerade die Tageszeitung von heute: Erstens könnte es sonst Ärger mit deinen Eltern geben, und zweitens färbt die Druckerschwärze nicht mehr so leicht ab, wenn die Zeitung schon ein paar Wochen alt ist. Schneide eine Zeitungsseite alle 10 Zeilen quer durch, so dass etwa 3 cm breite Streifen entstehen. (Meine Zeitung war 31,5 cm breit: So lang waren dann also meine Streifen.) Du brauchst etwa 40 Streifen. Damit die Streifen stabiler werden, faltest du sie der Länge nach in der Mitte. (Jetzt sind sie nur noch 1,5 cm breit.)

Lege einen langen Streifen quer vor dir auf den Tisch und klappe ihn auf. In diesen Falz klebst du senkrecht nebeneinander 20 zusammengefaltete Streifen: Das sind die »Kettfäden«. Den oberen waagerechten Streifen klappst du über den senkrechten Streifen zusammen und klebst ihn fest, so dass die Enden der »Kettfäden« sicher dazwischen verwahrt sind.

Mit den restlichen Streifen webst du jetzt wie gewohnt – eins rauf, eins runter – durch die senkrechten Streifen. Schieb die »Schussfäden« immer gut nach oben, damit eine gerade Linie entsteht und keine Zwischenräume bleiben. Wenn ein Streifen verwebt ist und richtig liegt, klebst du Anfang und Ende fest, damit er nicht mehr verrutschen kann.

Du webst so lange, bis das Webstück die Größe eines aufgeschlagenen Schulheftes hat (ca. 20 x 30 cm). Dann streichst du den Deckel des Schulheftes mit Klebstoff ein und drückst das aufgeschlagene Heft auf das Webstück. Schneide den Umschlag rundherum auf die Heftgröße zu und umklebe den Rand mit rotem Isolierband. Auf die Vorderseite kommt ein Namensschild – von Hand oder mit dem Computer beschriftet –, das du ebenfalls mit Isolierband einrahmen kannst.

Mein Tip

Die verschiedenen Zeitungsseiten ergeben ganz unterschiedliche Effekte, je nachdem ob viele Bilder oder große Überschriften drauf sind oder ob sie fast nur Text enthalten wie etwa die Börsennachrichten. Es sieht bestimmt toll aus, wenn du die Börsenkurse als »Kettfäden« und eine Seite mit vielen Bildern als »Schuss« verwendest.

Grußkarten

Alte Zeitungen oder Prospekte sind das wichtigste Material für diese originellen Grußkarten. Durch farbige Wellpappe, buntes Isolierband oder kleine Ornamente und Aufkleber bekommen die Karten zusätzlichen Pfiff.

Material

Für eine Karte:

- Papierstreifen aus alten Zeitungen, Prospekten oder Katalogen (doppelt breit geschnitten und längs zur Hälfte gefaltet)
- Wellpappe (nach Belieben)
- Papierwebnadel
- eventuell Stricknadel
- Schreibmaschinen- oder Tonpapier für die Innenseite
- Bleistift
- Lineal
- Schere, evtl. Papiermesser (nur wenn ein Erwachsener hilft!)
- Klebestift
- Isolierband (nach Belieben)
- Ornamente wie kleine Figuren, Federn oder Aufkleber (nach Belieben)
- Briefumschlag in passender Größe und Farbe

Einbände für Schulhefte und das Tagebuch oder originelle Grußkarten kannst du aus einfachen Zeitungs- oder Prospektpapierstreifen weben.

So wird's gemacht

Die Technik ist dieselbe wie beim Hefteinband. Als Erstes entscheidest du, wie groß deine Karte werden soll. Achtung! Sie muss locker in den Umschlag passen, also um einiges kleiner sein als der vorgesehene Umschlag!

Ganz einfach ist die Karte **»Ein kleines Dankeschön«** (aufgeklappt 20 x 12 cm) anzufertigen. Die »Kettfäden« und ein Teil der »Schussfäden« wurden aus bunten Prospekten geschnitten, jeder zweite »Schussfaden« besteht aus Zeitungspapier. Die Ränder wurden mit farbigen Prospektstreifen umklebt. In die fertige Karte wurde ein neutrales weißes Blatt (ca. 19 x 11 cm, also zusammengeklappt 9,5 x 11 cm) eingeklebt, das ohne weiteres beschriftet werden kann. Ein Schildchen mit einem Gruß und ein nostalgisches Albumbildchen wurden auf die Vorderseite geklebt.

Etwas schwieriger wird's bei der **Muttertagskarte,** die aufgeklappt 23 x 16,5 cm groß ist und in einem Umschlag der Größe 12 x 17 cm überreicht werden soll. Hier werden ebenfalls Streifen aus Zeitungspapier mit farbigen Prospektstreifen gemischt. Das fertige Webstück wird auf ein passend zugeschnittenes Stück hellgrünes Tonpapier aufgeklebt. Dann wird die Karte rundherum mit grünem Isolierband versäubert und die Vorderseite mit einem Gruß und einem Ornament (etwa einer kleinen Katze aus Keramik oder Kunststoff) verziert.

Für die **Geburtstagskarte** brauchst du etwas Geduld. Die »Kettfäden« bestehen diesmal aus blauer Wellpappe (16 x 22,5 cm), die nach jeder dritten Längsrille mit dem Papiermesser von oben nach unten eingeschnitten wird. Dabei muss rundherum ein 2 cm breiter Rand stehenbleiben!

Mit der Papierwebnadel und einer Stricknadel ziehst du die gefalteten Zeitungspapierstreifen durch die Einschnitte in der Wellpappe. Das ist nicht ganz einfach, denn die scharfen Kartonkanten zerschneiden die Papierstreifen leicht. Leg dir also genügend Streifen bereit und arbeite schön langsam, dann kann nichts schiefgehen. Ich habe sieben Streifen eingezogen. Die Enden der Streifen werden sauber in der Karte verklebt.

Nun schneidest du noch ein passendes Einlegeblatt aus weißem Papier zu, dekorierst die Karte mit einem Glückwunsch und einer Feder und verschickst sie in einem farbigen Umschlag.

Tagebuch »Top secret«

(Foto Seite 10/11, rechts oben)

Kleine, aber ziemlich dicke Notizbüchlein, die sich als Tagebuch eignen, bekommst du in Kaufhäusern oft für wenig Geld. Ein Einband aus farbigen Papierstreifen gibt ihm die persönliche Note und der Aufkleber »Top secret« auf Vorder- und Rückseite zeigt, dass niemand seine Nase in deine privaten Angelegenheiten stecken darf.

Material

- Notizbüchlein
- farbige Prospekte
- hellblaues Schreibmaschinenpapier
- Bleistift
- Lineal
- Schere
- Klebestift
- Papierwebnadel
- Aufkleber

So wird's gemacht

Dieser Einband besteht ausschließlich aus bunten glänzenden Prospektstreifen. Am besten schneidest du einen Probeeinband aus Zeitungspapier zu, bevor du zu weben anfängst. So kannst du die richtige Größe am besten ermitteln.

Dann ziehst du mit Bleistift und Lineal parallele Linien im Abstand von 3 cm auf das Prospektpapier und schneidest das Papier in Streifen. Die Streifen faltest du längs in der Mitte, wie schon bei den anderen Papierwebarbeiten beschrieben, und verwebst sie (siehe »Hefteinband«, Seite 10, und Foto Seite 10/11). Mit dem Webstück bindest du das Büchlein ein wie ein Schulbuch und klebst in die Innenseiten des Umschlags passend zugeschnittenes hellblaues Papier, damit alles sauber aussieht. Mit dem Computer druckst du »Top secret« auf hellblaues Papier, schneidest zwei Schildchen aus und klebst sie auf die Vorder- und Rückseite des Tagebuches. (Natürlich kannst du die Schilder auch mit der Hand beschriften.)

Weben mit Garn, Wolle und Bändern

Warum sieht mein Gewebe nicht wie ein gekaufter Stoff aus?

In der Leinwandbindung oder Stopftechnik werden auch viele Stoffe gewebt, die man kaufen kann, Tischdecken zum Beispiel, Stoffe zum Besticken oder Baumwollstoffe für Sommerkleider. Manche sind so fein gewebt, dass man eine Lupe braucht, um die einzelnen Fäden zu erkennen. Aber – Leinwandbindung hin oder her – die sehen ja ganz anders aus, als das, was du gewebt hast! Wie kommt das?

Bei den großen Webstühlen und Webmaschinen in den Fabriken liegen die Kettfäden viel enger nebeneinander als bei deinem Webrahmen: so eng wie später die Schussfäden. Dadurch verkreuzen sich Kettfäden und Schussfäden ganz regelmäßig, so dass man später Kette und Schuss kaum noch unterscheiden kann.

Bei deinem Webrahmen sind die Kettfäden aber knapp einen Zentimeter voneinander entfernt, während die Schussfäden dicht an dicht liegen. Deswegen verdecken die vielen Schussfäden die wenigen Kettfäden ganz und dein Gewebe sieht anders aus als gekaufter Stoff.

Beim Papierweben mit lauter gleich breiten Streifen, die in beiden Richtungen dicht nebeneinander liegen, ist die Leinwandbindung dagegen gut zu erkennen – auch wenn es sich eben um Papier und nicht um Leinen handelt.

Das Weben mit Fäden – zum Beispiel Schnur, Stick- oder Häkelgarn, Strickwolle – ist sozusagen der Ursprung des Webens: Auf diese Weise stellst du selbst ein Stück Stoff her. Wie das funktioniert, ist ab Seite 6 genau erklärt.

Normalerweise brauchst du einen Webrahmen. Den kannst du kaufen oder dir schenken lassen, aber auch selber bauen. Wichtig ist, dass du in einer Richtung parallele Kettfäden in nicht zu großen Abständen spannen kannst. Bei den einfacheren Webrahmen musst du mit dem Weberschiffchen oder der Webnadel wie beim Stopfen selbst die Kettfäden anheben und senken.

Bei größeren Schulwebrahmen übernimmt das eine Walze mit Schlitzen, die du nach jedem Schussfaden nach vorn oder nach hinten drehst, der sogenannte »Webkamm«: Durch die Schlitze werden die Kettfäden geführt und durch das Hin- und Herdrehen wird abwechselnd jeweils ein Faden angehoben und einer gesenkt, so dass du das Weberschiffchen bequem durch den Zwischenraum, das »Fach«, schieben kannst.

Das Spannen der Kettfäden

Schulwebrahmen und Motivwebrahmen haben oben und unten je eine Leiste mit Schlitzen in gleichmäßigen Abständen. Bei deinem selbstgebauten Webrahmen ist vielleicht oben und unten je eine Reihe Nägel eingeschlagen: Dann legst du die Kettfäden einfach in die Zwischenräume zwischen den Nägeln.

Beim Bilderweben ersetzt ein Stück Pappe, das so groß ist wie der Innenraum des Bilderrahmens, den Webrahmen. (Achtung: Miss den Bildausschnitt auf der Rückseite des Rahmens, denn dort ist er größer.) Oben und unten schneidest du kurze Schlitze ein, durch die du dann die Kettfäden führst. Beispiele für Web-Bildchen findest du auf Seite 15/16.

Als Kettfaden eignet sich jedes stabile, reißfeste Garn. (Spezielles Kettfaden-Garn gibt es zum Beispiel von der Firma *Rayher.*) Schneide zunächst noch kein Stück vom Knäuel ab, sondern binde das Fadenende einfach rechts an der unteren Querleiste des Webrahmens an. Dann führst du den Faden durch den ersten Schlitz in der unteren Leiste nach oben durch den ersten Schlitz rechts in der oberen Leiste. Anschließend gehst du mit dem Faden nach links durch den zweiten Schlitz wieder nach unten, nimmst auch unten den zweiten Schlitz, führst den Faden nach links weiter durch den dritten Schlitz wieder nach oben und so weiter, bis die Kettfäden insgesamt so breit sind, wie dein Webstück werden soll. Wenn zu deinem Webrahmen zwei Metallstäbe für die Ränder gehören, legst du sie jetzt in die Schlitze mit dem linken und rechten äußeren Kettfaden und schraubst sie fest: Jetzt kannst du

Beim Motivwebrahmen (oben) hebst und senkst du die Kettfäden mit dem Schiffchen. Beim Schulwebrahmen (unten) übernimmt das der »Webkamm« in der Mitte.

den Schussfaden gar nicht mehr so fest anziehen, dass das Webstück von Reihe zu Reihe schmaler wird.

Beim **Schulwebrahmen** liegt in der Mitte der »Kamm«, die geschlitzte Walze. Da heißt es ein bißchen aufpassen, denn die Schlitze im Kamm sind nur halb so weit voneinander entfernt wie die in der oberen und unteren Querleiste: Du führst den Faden durch den ersten Schlitz rechts unten, dann weiter durch den ersten Schlitz rechts in der geschlitzten Walze und durch den ersten Schlitz in der oberen Querleiste, weiter nach links durch den nächsten Schlitz nach unten, durch den zweiten Schlitz im Kamm und – Achtung! – noch einmal durch den ersten Schlitz in der unteren Querleiste. Nun gehst du wie gewohnt weiter nach links durch den nächsten (= zweiten) Schlitz in der unteren Querleiste, durch den dritten Schlitz im Kamm und – Achtung! – noch einmal durch den zweiten Schlitz in der oberen Querleiste. So machst du weiter, bis die Kettfäden fertig gespannt sind. Nur in der Walze, dem Kamm, wechselst du also jedesmal den Schlitz, in der oberen und unteren Querleiste gehst du jeweils zweimal durch denselben Schlitz. Wenn du jetzt den Kamm abwechselnd zu dir her und von dir weg bewegst, siehst du, dass jeweils jeder zweite Kettfaden nach oben beziehungsweise nach unten geht, so dass ein Zwischenraum entsteht: das Fach. Dort schiebst du das Weberschiffchen durch und drückst den Schussfaden mit dem »richtigen« Kamm (der aussieht wie ein Haarkamm mit weit auseinanderstehenden Zinken) nach unten. Dann drehst du die Walze in der Mitte ein wenig in die jeweils andere Richtung, so dass die Kettfäden, die bis jetzt oben waren, nach unten kommen und umgekehrt: Du wechselst das Fach, sagen die Weber. Schon kannst du das Schiffchen in der anderen Richtung durchschieben und den nächsten Schussfaden nach unten drücken. Aber Achtung! Lass den Schussfaden immer so locker, dass die Kettfäden nicht mit der Zeit enger und enger zusammengezogen werden. Schließlich soll dein Webstück ja schön rechteckig werden.

Kleine Bilder

Solche Mini-Bilder sind leicht zu weben. Außer einem Stück Pappe und ein paar Garnresten brauchst du eigentlich nur einen kleinen Bilderrahmen dazu. In kurzer Zeit kannst du so ein Geschenk für deine Eltern oder für Oma und Opa selbermachen.

Sonnenuntergang mit Segelschiff

Material

- Holzbilderrahmen, blau, ca. 5 x 6 cm
- feste Pappe, Größe entsprechend dem Ausschnitt des Rahmens (hinten messen!)
- Sticknadel Nr. 18 ohne Spitze
- Sticknadel mit Spitze
- Bleistift
- Schere
- Sticktwist-Reste: beige, schwarz, weiß, rot, hellblau-weiß meliert
- Klebeband

So wird's gemacht

Leg dein Pappstück zur Sicherheit einmal von hinten in den Bilderrahmen ein: Es soll nicht zu locker in dem Ausschnitt liegen, aber auch nicht klemmen. Dann schneidest du in die Schmalseiten alle 2 bis 3 mm kurze Kerben ein.

Mit dem Bleistift zeichnest du das Motiv auf die Pappe: in unserem Fall ein kleines Segelschiff mit Mast und Segel und einem kleinen Wimpel an der Mastspitze. Im Hintergrund geht die Sonne unter.

Dann spannst du die Kettfäden. Weil das Bildchen sehr klein ist und die Kerben in der Pappe sehr kurz sind, ziehst du den Kettfaden nicht von einer Kerbe nach links zur nächsten weiter, sondern führst ihn hinter der Pappe wieder von oben nach unten, dann unten durch die zweite Kerbe und wieder nach oben, bis das ganze Pappstück bespannt ist. So können die Kettfäden nicht verrutschen.

Jetzt geht das eigentliche Weben los: Fädle einen langen blauen Faden in die Nadel ohne Spitze und beginne am unteren Bildrand in der Stopftechnik zu weben: immer unter einem Kettfaden durch, über den nächsten drüber, unter dem nächsten durch bis zum Ende der Reihe und in der nächsten Reihe umgekehrt zurück. Der Faden geht immer hoch und runter, als wäre die Sticknadel ein kleiner Delphin, der im Meer auf und ab schwimmt. Sobald du auf deiner Vorzeichnung zum Schiff kommst, wechselst du die Farbe und webst erst den Schiffsrumpf, dann den Mast, das weiße Segel und die rote Sonne. Erst danach wird der Hintergrund mit Hellblau fertig gewebt, bis du mit der Nadel nicht mehr durch die Reihe kommst. Fadenenden führst du nach hinten und verwahrst sie auf der Rückseite des Bildes seitlich in den Kettfäden.

Zum Schluß teilst du einen Faden schwarzen Sticktwist (er besteht aus sechs einzelnen Fäden, die sich ganz leicht trennen lassen; du brauchst nur drei auf einmal) und stickst mit der spitzen Nadel den Rand des Segels und des Wimpels und zwei kleine Vögel, die in die untergehende Sonne fliegen.

Das fertige Bild setzt du in den Rahmen und befestigst es von hinten mit Klebeband.

Ein solches Bild ist ein Geschenk für viele Gelegenheiten, über das sich jeder freut: Zum Muttertag, zum Geburtstag, bei einem Krankenbesuch oder einfach nur so. Der Phantasie sind hier keine Grenzen gesetzt.

Solche kleinen Bilder sind ganz schnell fertig und lassen sich prima verschenken. Von links: Sonnenuntergang mit Segelschiff, Sonnenuntergang auf dem Lande.

Sonnenuntergang auf dem Lande

(Abb. Seite 15)

Material

- Holzbilderrahmen, grün, ca. 5 x 6 cm
- feste Pappe, Größe entsprechend dem Ausschnitt des Rahmens (hinten messen!)
- Sticknadel Nr. 18 ohne Spitze
- Bleistift
- Schere
- Sticktwist-Reste: beige, hellgrün, dunkelgrün, hellblau-weiß meliert
- Rest dünne Strickwolle mit Angora, rot
- Klebeband

So wird's gemacht

Das nächste Bild kannst du schon ganz alleine weben und rahmen: Zuerst das Motiv aufmalen, dann die Kettfäden spannen. Anschließend webst du die Sonne entsprechend deiner Vorzeichnung und schließlich Wiesen, Wege und Hintergrund. Bei diesem Bild wurde nichts zusätzlich aufgestickt.

Apfelbaum

Material

- Holzbilderrahmen, natur, ca. 5 x 6 cm
- feste Pappe, Größe entsprechend dem Ausschnitt des Rahmens (hinten messen!)
- Sticknadel Nr. 18 ohne Spitze
- Sticknadel mit Spitze
- Bleistift
- Schere
- Sticktwist-Reste: beige, braun, grün
- 9 kleine rote Glasperlen (Achtung! Das Loch muss groß genug für die Nadel sein!)
- Klebeband

So wird's gemacht

Als Erstes bereitest du die Pappe mit der Vorzeichnung und den Schlitzen vor und spannst die Kettfäden. Dann webst du den Baumstamm in Braun und füllst anschließend den ganzen Hintergrund in Beige aus. Dabei musst du in jeder Reihe in den Rand des Baumstamms einstechen, damit kein Loch entsteht. Die Fäden werden immer gespannt, auf der Rückseite verwahrt und über den Rand gezogen.

Nachdem der Hintergrund und der Stamm fertig gewebt sind, fädelst du einen langen grünen Faden ein und legst dir die Perlen zurecht. Du kannst kreuz und quer sticken und lässt dabei immer eine kleine Schlinge stehen. Nach jeder Schlinge stickst du einen kleinen Rückstich, damit die Schlinge befestigt wird. Ab und zu ziehst du eine rote Perle auf und nähst sie mit ein. Besonders schön wird dein Bild, wenn du verschiedene grüne Garnreste für die Baumkrone verarbeitest.

Ob du mit einer stumpfen oder einer spitzen Nadel stickst, ist deine Sache. Ich finde, dass sich für diesen Teil der Arbeit die spitze Nadel besser eignet.

Wenn du schon ein paar kleine Bilder gewebt hast, kannst du dich an ein größeres wagen. Weil mir das Bild mit dem Apfelbaum besonders gut gefällt, habe ich es in einem größeren Format mit mehreren Bäumen und einem Weg dazwischen noch einmal ausgearbeitet. Der Rahmen ist diesmal 10,5 x 10,5 cm groß. Zusätzlich zu den roten Perlen habe ich hier gelbe vewendet, die zum Beispiel Aprikosen darstellen könnten.
Vielleicht hast du Lust, auch einmal so einen ganzen Obstgarten zu weben…

Hutband »Peru«

Länge: 60 cm

Dieses Hutband ist so schnell gewebt, dass du gleich mehrere verschiedene zum Wechseln anfertigen kannst.

Material

- Filzhut, schwarz
- 8 Seiden- oder Synthetikbänder, blau, drehrund (wie ein Schnürsenkel), jeweils 80 cm lang
- 2 dicke Baumwollfäden (Topflappengarn), pink und schwarz, jeweils ca. 150 cm lang
- 1 Sticknadel mit großem Ohr, stumpf
- Klebeband

So wird's gemacht

Für dieses Hutband brauchst du nicht unbedingt einen Webrahmen. Du kannst die 8 blauen Fäden über einen alten Bilderrahmen, einen großen Karton oder den Schulwebrahmen spannen. Anfang und Ende befestigst du mit Klebeband, damit die Fäden nicht verrutschen können.

Die Fäden in Pink und Schwarz fädelst du gemeinsam in die Sticknadel ein und beginnst ein paar Zentimeter vom Anfang der Kettfäden entfernt zu weben. Wie die Zeichnung zeigt, führst du die Nadel mit den beiden Fäden immer schräg durch die Kettfäden, so dass eine Zickzacklinie entsteht. Pass auf, dass sich die Fäden dabei nicht verdrehen!

Miss mit einem Maßband den Umfang deines Hutes oberhalb der Krempe: So lang muss das Band werden. Vermutlich ist es fertig, wenn du ungefähr 60 cm gewebt hast. Nimm die Kettfäden vom Rahmen, leg die beiden Enden zusammen, so dass alle 16 Kettfaden-Enden in die gleiche Richtung schauen, und umwickle das Ende des Gewebten mit pinkfarbenem und schwarzem Garn (so können sich auch die Webfäden nicht mehr auflösen). Die Enden der Wickelfäden fädelst du in die Nadel ein und vernähst sie in der Wicklung. Die Kettfäden flichtst du zu zwei Zöpfen und umwickelst die Enden wieder in Pink und Schwarz. Wickelfäden vernähen – fertig. Jetzt kannst du das fertige Band um den Hut legen.

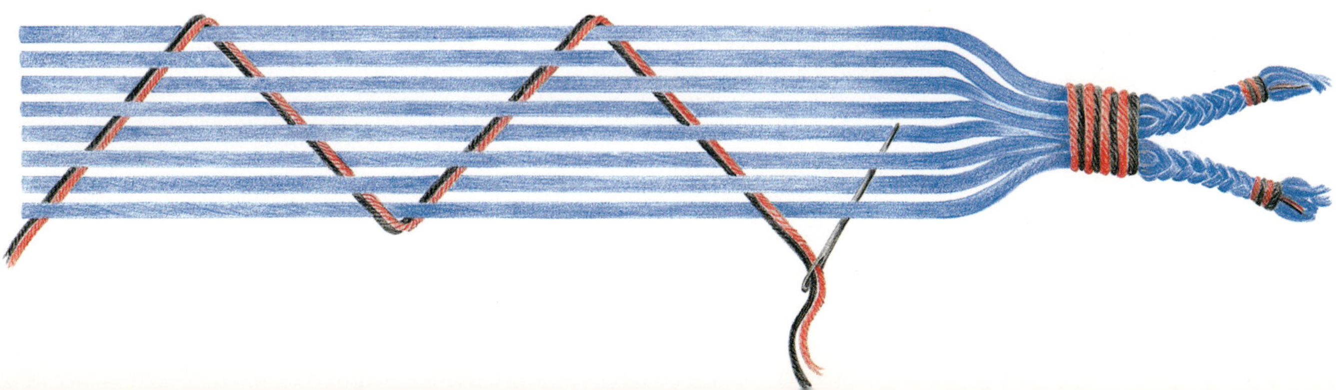

Kissenbezug aus Bändern

Größe: 40 x 40 cm

Bei diesem Kissenbezug solltest du dir von einem Erwachsenen helfen lassen, denn du brauchst dazu die Nähmaschine und ein wenig Erfahrung im Umgang damit.

Material

- 50 x 90 cm Frotteestoff, rot
- 1 Reißverschluß, rot, 28 cm lang
- 160 cm Baumwollband, rot-weiß getupft, 2,5 cm breit
- 70 cm Baumwollband, rot geblümt, 2,5 cm breit
- 270 cm Baumwollband, blau-weiß kariert, 1,7 cm breit
- 100 cm Satinband, blau, 2,5 cm breit
- Nähmaschine
- Nähgarn, rot
- Maßband
- Stecknadeln
- Nähnadel
- Kissenfüllung, 40 x 40 cm

So wird's gemacht

Den Frotteestoff umrandest du am besten einmal mit dem Zickzackstich der Nähmaschine, damit er nicht ausfranst. Dann legst du ihn vor dich auf den Tisch und befestigst in der Mitte der oberen Schmalseite das geblümte Band mit einer Stecknadel: Es läuft jetzt genau in der Mitte des Stoffes gerade nach unten. Das blaue Satinband schneidest du in 2 Teile (je 50 cm lang), das rot-weiß getupfte Band in 4 Teile (je 40 cm lang). Rechts und links vom geblümten Band steckst du jeweils zuerst ein 40 cm langes getupftes und dann ein 50 cm langes blaues Band fest. Dann nähst du am Rand des Frotteestoffes einmal quer über alle 5 Bänder, damit sie nicht mehr verrutschen können.

Vom blau-weiß karierten Band schneidest du 16 Teile (je 16,5 cm lang) ab.

Mit diesen Bändern webst du nun wie gewohnt quer zu den anderen Bändern: immer unter einem Band durch und über das nächste drüber, in der nächsten Reihe umgekehrt.

Wenn alle 16 blau-weiß karierten Bänder verwebt sind, nähst du die Enden rechts und links mit einem kleinen Zickzackstich fest. Damit das Ganze schöner aussieht, nähst du anschließend je ein Stück vom rot-weiß getupften Band darüber: Leg die Bänder über die Längskanten deines Webstücks, steck sie mit Nadeln fest und näh die Ränder mit einem kleinen Zickzackstich sauber an (= 4 Nähte!). Die Enden werden zur Spitze gelegt und mit aufgenäht.

Die losen Enden des blauen Bandes schlägst du nach rechts beziehungsweise links (siehe Foto) und nähst sie genau waagerecht auf. Aus einem Rest des geblümten Bandes legst du eine Schleife, steppst sie ab und legst sie quer über das mittlere Band. Die Enden der getupften Bänder bindest du drumherum. Jetzt ist die Schleife ordentlich fixiert. Zum Schluß legst du das Ende des getupften Bandes zur Spitze und steppst sie ab. Die Schleife liegt locker dazwischen (siehe Foto).

Jetzt brauchst du jemanden, der Reißverschlüsse einnähen kann. Der Frotteestoff mit der Bandweberei wird rechts auf rechts gelegt, der Reißverschluß wird eingenäht und die Seitennähte werden geschlossen. Jetzt musst du den fertigen Bezug nur noch wenden und leicht mit dem Bügeleisen dämpfen. Dann kannst du das Kissen hineinstecken und den Reißverschluß zuziehen.

Mein Tip:

Wenn dir die Sache mit dem Reißverschluß zu mühsam ist, kannst du die letzte Naht auch mit unsichtbaren Stichen von Hand zunähen, wenn das Kissen im Bezug steckt. Dann musst du aber jedesmal vor dem Waschen die Naht auftrennen und später wieder schließen – und das ist gerade bei Frotteestoff kein besonderes Vergnügen!

for you

CREATIVE
und der
Frosch

Rucksack mit Schäfchen-Applikation

Solch einen Rucksack gibt es bestimmt kein zweites Mal und jeder, der ihn sieht, wird fragen, wo man den denn kaufen kann. Dabei hast du das Bild mit den Schäfchen selber gewebt und aufgenäht!

Material

- Motivwebrahmen, 15 x 22 cm
- Rucksack, neongrün, ca. 24 x 30 cm
- Baumwollgarn, beige, für die Kettfäden
- 50 g Strickwolle, buntmeliert (z.B. Strumpfwolle)
- Märchenwolle (= ungesponnene Wolle): weiß, braun und hellblau
- Webnadel und Weberschiffchen
- Schere
- Schreibmaschinenpapier
- Bleistift
- Sticknadel mit großem Öhr, stumpf
- Nähgarn, farblich passend

So wird's gemacht

Du bespannst den Webrahmen mit 21 Kettfäden und setzt am Rand die zwei Randfeststeller ein, damit das Webstück seine Form behält und nicht in der Mitte enger wird. Die Zeichnung rechts überträgst du vergrößert auf ein Blatt Schreibmaschinenpapier, das du unter den Webrahmen legst. Wie du auf dem Foto und der Zeichnung siehst, ist das Schäfchenmotiv im Querformat gewebt: Wenn du die Schäfchen einarbeitest, liegt der Rahmen also mit der breiten Seite vor dir. Zum Weben drehst du ihn so, dass die Schmalseite vor dir liegt, und fängst am Rand links neben den Schäfchen zu weben an.

Mit weißer Märchenwolle formst du die Körper der drei Schafe, indem du die Wollflocken mit den Fingern und der Webnadel zwischen die Kettfäden schiebst. Sie dürfen ruhig wie drei kleine flauschige Wolken aussehen. Etwas braune Märchenwolle ziehst du in die Länge, fädelst sie in die Sticknadel ein und stickst damit Gesicht, Ohren und Hörner. (Die Füße werden erst am Ende aufgestickt.) Die drei hellblauen Wolken werden auf die gleiche Weise wie die Schafe zwischen die Kettfäden geschoben.

Nun beginnt das eigentliche Weben. Anfangs kannst du mit dem Weberschiffchen arbeiten. Du webst in der Stopftechnik – ein Kettfaden rauf, ein Kettfaden runter –, bis du zur ersten Figur kommst. Dann musst du die Webnadel nehmen und einen langen Faden einfädeln. Du arbeitest bis zum Motiv, führst den Faden hinter dem Motiv gespannt weiter und stichst direkt neben dem Motiv wieder aus. Während des Webens musst du immer wieder jede Reihe mit den Fingern oder einem Kamm gut zusammenschieben. Wenn der ganze Webrahmen vollgewebt ist, werden noch die Beine der Schafe und ein paar Pusteblumen mit langgezogener Märchenwolle aufgestickt.

Mit Hilfe der Webnadel löst du die Kettfäden ab und schiebst das Gewebte noch etwas nach oben und unten, so dass keine Kettfäden mehr zu sehen sind.

Das fertige Webbild ist 15 x 22 cm groß. Du steckst es mit Stecknadeln auf die Außenseite des Rucksacks und nähst es mit möglichst unauffälligen Stichen von Hand an.

Stoffschuhe »Copa Cabana«

Material

- Perlwebrahmen (gekauft oder selbst gebaut, siehe Seite 32/33)
- Kamm
- 1 Paar Stoffschuhe, orange
- Sticktwist, orange, grün, gelb, lila
- Sticknadel, stumpf
- Perlnadel
- Schere
- 6 Plastikmuscheln
- 200 Indianerperlen (je 50 in den Farben Orange, Grün, Gelb und Blau)
- Polyamid-Faden (z.B. Sonal)

Auf dem Perlwebrahmen kannst du auch kleinere Teile aus Garn weben. Ein Beispiel ist die Verzierung für diese sommerlichen Stoffschuhe. Die Schuhe selbst gibt es vom Frühjahr an überall für ein paar Mark zu kaufen.

So wird's gemacht

Als erstes webst du die Bänder, die das Vorderteil der Schuhe schmükken. Sie werden jeweils etwa 10 cm lang. Schneide je 2 Sticktwist-Fäden in Grün, Gelb und Lila in einer Länge von 120 cm zu. Aus diesen 6 Fäden werden 12 Kettfäden. Ich habe die Bänder auf dem Perlwebrahmen gewebt, der auf Seite 32/33 in der Mitte abgebildet ist: Dabei habe ich die Fäden zur Hälfte zusammengelegt und die Schlaufe um die Querleiste gelegt. Die überschüssigen Enden habe ich um die Knöpfe auf der anderen Seite des Rahmens gewickelt und mit Klebeband befestigt. Die Reihenfolge der Fäden ist Grün, Gelb, Lila.

Nun webst du mit der Sticknadel und etwa 40 cm langen Sticktwist-Fäden in der Reihenfolge Orange, Grün, Gelb, Lila – immer etwa 1 cm in jeder Farbe. Einen neuen Faden beginnst du immer in der Mitte des Webstückes. Die Anfangs- und Endfäden müssen nicht verwahrt werden. Während der gesamten Webzeit musst du die Schussfäden mit dem Kamm immer wieder gut zusammenschieben.

Wenn das Webstück die Länge von 10 cm erreicht hat, nimmst du es vom Webrahmen und flichtst rechts und links Zöpfe von etwa 5 cm Länge, deren Enden du verknotest. Die Bänder nähst du mit dem Polyamid-Faden auf die Schuhe, quer über den Spann (siehe Foto). Am Anfang, in der Mitte und am Ende nähst du jeweils eine Muschel mit auf.

Um den oberen Rand des Schuhs nähst du die Indianerperlen, und zwar immer 4 Perlen in der Reihenfolge Orange, Grün, Gelb und Blau. Wenn der Fadenanfang befestigt ist, nimmst du die ersten 4 Perlen auf, schiebst sie bis zum Schuh und stichst nach den Perlen wieder in den Stoff. Ein paar Gewebefäden weiter stichst du wieder aus, nimmst die nächsten 4 Perlen auf und so weiter, bis der Rand des Schuhs umrundet ist.

Puppenhaus-Teppich

An einem Teppich für das Puppenhaus lernst du das Weben am Schulwebrahmen im Handumdrehen. Die Teppichgröße und die Farben kannst du natürlich selbst bestimmen. Frag deine Mutter nach Wollresten!

Material

- Schulwebrahmen mit zwei Schiffchen
- Baumwollgarn, beigefarben, für die Kettfäden
- Wollreste (z.B. Strumpfwolle) für den Schussfaden, zum Beispiel blau, gelb, grün, rot
- Häkelnadel
- Schere

So wird's gemacht

Spann Kettfäden auf den Schulwebrahmen, wie auf Seite 14 beschrieben. Denk dran: In der oberen und unteren Leiste den Faden immer zweimal durch denselben Schlitz führen, im Webkamm (der geschlitzten Walze in der Mitte) jedesmal den nächsten Schlitz nehmen. Für den Teppich auf dem Foto habe ich 24 Kettfäden gespannt.

Auf jedes Schiffchen wickelst du zwei Farben, zum Beispiel Blau und Gelb auf das eine, Grün und Rot auf das andere.

Du beginnst etwa 10 cm vom unteren Rand in Streifen zu weben, zum Beispiel 6 Reihen rot-grün, 10 Reihen blau-gelb und so weiter, bis der Teppich lang genug ist. Bei dem Teppich auf dem Foto habe ich 6 rot-grüne und 5 blau-gelbe Streifen gewebt.

Das ergab 15 cm Länge. Durch den Webkamm, der die Kettfäden automatisch hebt und senkt, wird der Teppich bald fertig.

Nun nimmst du den Teppich vom Webrahmen und knotest an den Schmalseiten immer 4 Kettfäden zusammen. Das reicht, damit sich der Teppich nicht mehr auflöst. Wenn du magst, kannst du die Fäden aber in einer zweiten Reihe noch einmal zur Verzierung verknoten (beim abgebildeten Teppich wurden erst 6, dann 3 x 4 und noch einmal 6 Fäden verknotet). Anschließend schneidest du die Fransen auf gleiche Länge. Achtung! Nicht zuviel wegschneiden, sonst fallen die Fransen nicht schön! Um dem Teppich mehr Stabilität zu geben, häkelst du rechts und links mit rotem Wollfaden je eine Reihe feste Maschen und vernähst die Fadenenden in der Häkelreihe.

Brillenband »Harlekin«

Blöd, wenn man im Sommer in den Bus einsteigt und nicht weiß, wohin mit der Sonnenbrille. Am Brillenband kannst du sie einfach bis zum Aussteigen um den Hals hängen – außerdem sieht es einfach prima aus.

Material

- Schulwebrahmen oder Perlwebrahmen
- Sticktwist: schwarz, rot, orange, gelb, grün, blau, lila
- Sticknadeln, stumpf und spitz
- 2 Gummiringe zum Verstellen (Augenoptiker)
- Schere

So wird's gemacht

Schneide 4 schwarze Kettfäden in der Länge von 90 cm zu und bespanne den Webrahmen damit. Natürlich sind die Fäden bei weitem länger als der Rahmen: Den Rest wickelst du beim Perlwebrahmen zum Beispiel um die Knöpfe, beim Schulwebrahmen um die obere Querleiste.

Dann fädelst du einen etwa 1 m langen roten Faden in die stumpfe Sticknadel ein und beginnst wie gewohnt zu weben. Du webst von jeder Farbe etwa 5,5 cm. Wenn du mit der nächsten Farbe beginnst, kannst du den vorhergehenden Faden an der Seite wie einen Kettfaden mit einweben, dann brauchst du ihn nicht eigens zu vernähen.

1 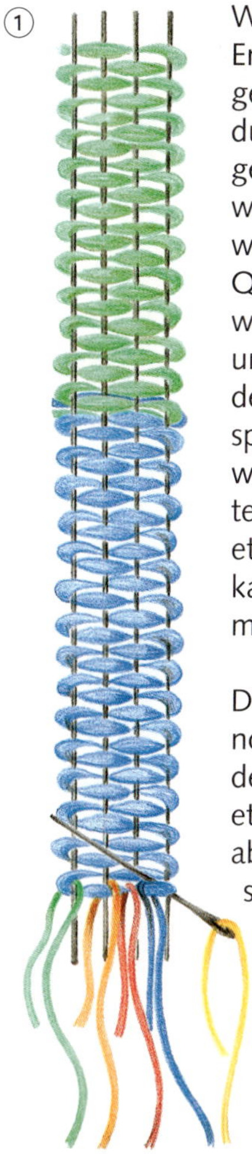

Wenn du am oberen Ende des Rahmens angekommen bist, löst du vorsichtig die aufgewickelten Kettfäden, wickelst das fertig gewebte Stück um die Querleiste beim Perlwebrahmen oder die untere geschlitzte Leiste des Schulwebrahmens, spannst die Kettfäden wieder und webst weiter. Wenn die Webarbeit etwa 70 cm lang ist, kannst du sie vom Rahmen nehmen.

Danach schneidest du noch einmal 5 verschiedenfarbige Fäden von etwa 15–20 cm Länge ab und fädelst sie in die spitze Sticknadel ein. Du stichst jeden einzelnen Faden durch das Ende der Webarbeit und lässt das eine Ende 8 cm lang und den Rest auf der anderen Seite herunter hängen (siehe Zeichnung 1). Mit dem langen Ende arbeitest du nun um das ganze Fadenbündel herum eine Reihe von Befestigungsknoten (siehe Zeichnung 2): Für jeden Befestigungsknoten legst du den Faden, mit dem du gerade arbeitest, um das Fadenbündel und ziehst ihn durch die entstandene Schlaufe. Mehrere solcher Knoten hintereinander bilden einen kleinen Wulst. Wenn du 10 Knoten in einer Farbe geknüpft hast, legst du den Faden zum Bündel zurück und knüpfst mit einer anderen Farbe weiter, bis alle Farben einmal verknüpft wurden.

Nach 5 x 10 Knoten ziehst du das Befestigungsringlein für die Brille auf alle Fäden auf. Die Fadenenden – bis auf den längsten Rest – verstichst du mit der spitzen Nadel in den Befestigungsknoten. Mit dem längsten Faden umwickelst du die Schlaufe, an der das Gummiringlein hängt, und stichst mehrmals durch das Geknüpfte hindurch. So erhält die Arbeit ein festes Ende (siehe Zeichnung 3). Die überstehenden Fäden schneidest du vorsichtig ab. Achtung! Nicht in die Wicklungen schneiden!

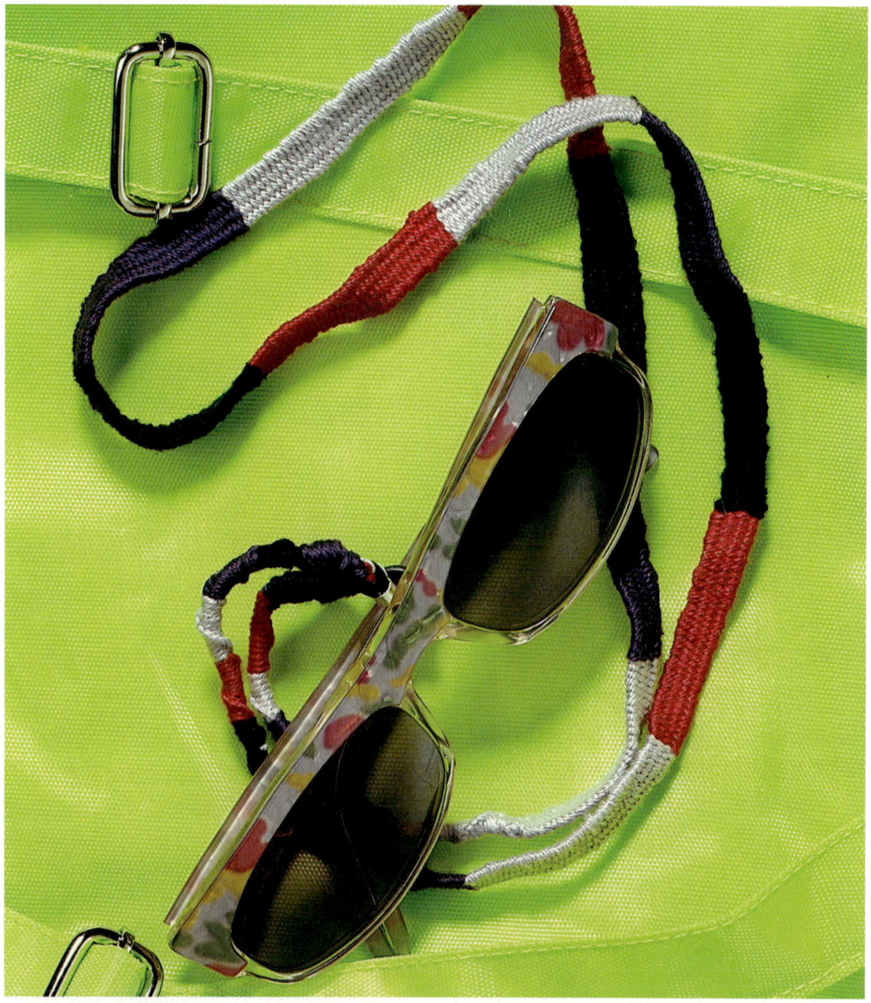

Aus etwas stabilerem Baumwoll-Häkelgarn ist dieses Brillenband in Flieder, Lila, Pink und Schwarz gearbeitet. Ansonsten webst und knüpfst du genauso wie beim Band »Harlekin«.

2

3

Buntes Gitarrenband »Guantanamera«

Dieses Gitarrenband ist ein echtes Schmuckstück, aber nichts für Ungeduldige! Du solltest schon einige kleinere Dinge gewebt haben, bevor du dich dran wagst.

So wird's gemacht

Schneide vom beigefarbenen Baumwollgarn 9 Kettfäden von je 320 cm Länge ab und lege sie zur Hälfte zusammen. Die Schlaufe in der Mitte hängst du über die Häkchen an der unteren Querleiste des Schulwebrahmens (= Warenbaum). Damit die Arbeit stabiler wird, nimmst du die Randfäden doppelt.

Jedes Fadenpaar führst du über den Webkamm, die geschlitzte Walze in der Mitte, zur oberen Querleiste (= Kettbaum) und wickelst sie dort auf (zum Spannen der Kettfäden auf dem Schulwebrahmen siehe auch Seite 14). Dann schraubst du die beiden Querleisten fest.

Auf die beiden Schiffchen wickelst du nun jeweils etwa 5 m Garn auf:

Material

- Schulwebrahmen mit Webkamm und 2 Schiffchen
- Baumwollgarn, dunkelblau, lila, flieder, weiß, schwarz, petrol, pink, hellgrün, türkis, lachs, orange, beige
- Perlgarn, rot (Münder) und schwarz (Hände)
- Sticknadeln mit großem Öhr, stumpf und spitz
- 2 Holzringe, Ø 3 cm
- 2 Lederreste, je ca. 10 x 15 cm
- Schere und Bastelmesser (Achtung! Von Erwachsenen helfen lassen!)
- Textilkleber (z.B. von *Knorr*, Art. Nr. 8051208)

Pink auf das eine, Weiß auf das andere. Da die Schlitze in den Querleisten des Webrahmens für das Gitarrenband zu weit auseinander liegen, ziehst du den unteren Teil der Kettfäden mit einem Rest Baumwollfaden auf eine Breite von 3,5 bis 4 cm zusammen und verknotest den Baumwollfaden.

Zunächst webst du einen etwa 2 cm breiten Streifen in Pink und anschließend etwa 12 Reihen in Weiß. Dabei arbeitest du mit dem Schiffchen. Bei den Figuren musst du dann mit der Nadel arbeiten. Nach dem weißen Streifen webst du etwa 8 Reihen in Petrol.

Wichtig: Du beendest einen Faden immer in der Mitte der Webarbeit! Wenn du eine neue Farbe nimmst, beginnst du immer etwas versetzt, nicht am Rand, sondern nach dem dritten oder vierten Spannfaden. Die Anzahl der Reihen pro Farbe ist nur ein Vorschlag. Mach's, wie es dir selbst gefällt!

Nun teilst du die Kettfäden auf und beginnst mit der ersten Figur (Zeichnung 1). Zunächst webst du die Füße. Dazu fädelst du einen etwa 1 m langen orangefarbenen Faden in eine stumpfe Sticknadel ein und webst mit der Nadel vom dritten Kettfaden über die Fäden Nr. 4, 5, 6 und 7 etwa 5 mm hoch. Danach geht es nur noch über Faden 5, 6, und 7 und zwar 1 cm hoch. Jetzt ist der erste Fuß fertig. Den zweiten Fuß webst du genauso, nur seitenverkehrt. Zwischen den beiden Füßen lässt du zwei Kettfäden frei. Wenn beide Füße fertig sind, umwebst du sie in der Farbe Petrol.

Nun arbeitest du wieder mit dem Schiffchen über die ganze Breite der 18 Kettfäden. Mit Hilfe des beweglichen Webkammes kommst du

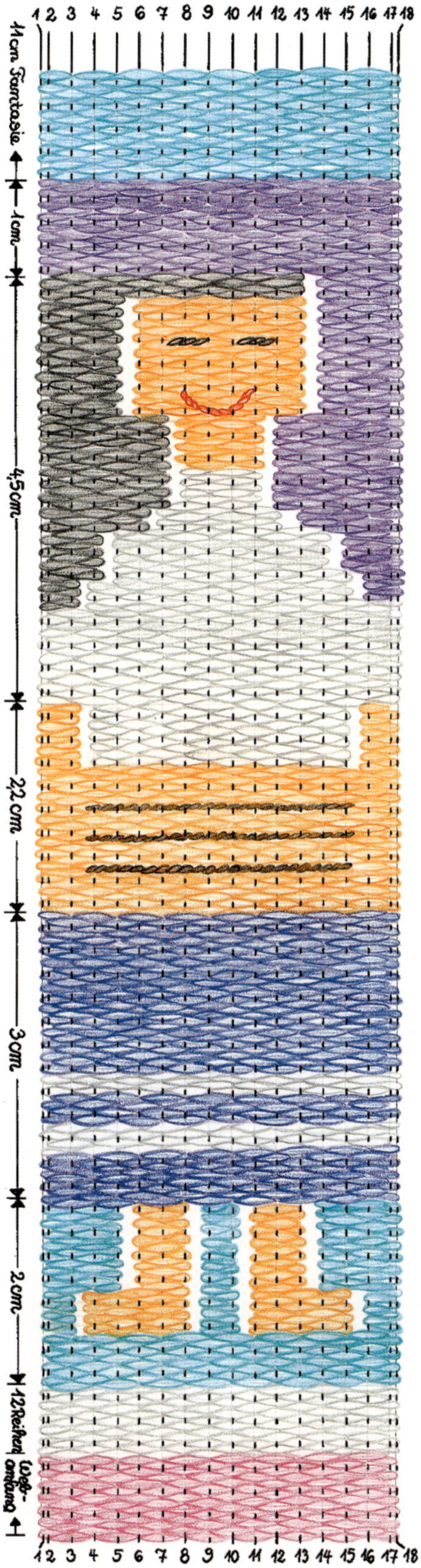

①

schnell voran. Du wickelst die Farben auf die Schiffchen, die du gerade benötigst, in unserem Fall Blau und Weiß. Nach etwas mehr als 3 cm ist der Rock der Frau fertiggestellt, und du kannst mit Händen und Armen beginnen.

Mit Orange geht es ca. 1,8 cm über die gesamte Breite und anschließend noch 1 cm über die jeweils äußeren zwei Kettfäden (Zeichnung 1). Dann stickst du mit schwarzem Perlgarn 3 Striche auf, die die Hände darstellen. Achtung: Die Rückseite muss auch ansehnlich werden!

Auf diese Weise webst du weiter, wie Zeichnung 1 zeigt. Diese erste Figur hat schwarzes Haar, das auf die linke Seite des Gesichts gekämmt ist. Rechts beginnt bereits an der Schulter der lilafarbene Hintergrund, der sich auch über dem Kopf fortsetzt. Wenn du dich an die Zeichnung hältst, kann gar nichts passieren. Augen und Mund stickst du mit rotem und schwarzem Perlgarn auf.

Nach der ersten Figur musst du die Kettfäden zum ersten Mal verlängern. Du lockerst die obere Querleiste, den Kettbaum, und die untere Querleiste, den Warenbaum. Auf die untere Leiste wickelst du das bereits gewebte Stück so weit auf, dass du gleich anschließend weiterweben kannst, und spannst die Kettfäden neu. Wenn du die Flügelmuttern wieder festgezogen sind, geht's mit dem Weben weiter.

Bis zur nächsten Figur webst du 10 cm Streifen in den Farben, die dir gefallen. Die zweite Figur trägt einen weißen Hut mit schwarzem Band. Ansonsten wählst du für die Kleidung die Farben nach deinem Geschmack, webst Streifen in den Rock oder wickelst zwei Farben gleichzeitig auf das Schiffchen (siehe

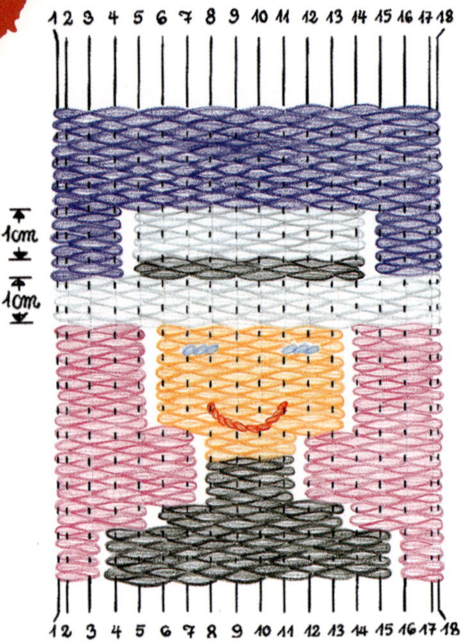

②

auch Seite 7). Wie der Hut gewebt wird, zeigt dir Zeichnung 2.

Die dritte Figur trägt ihr Haar auf beiden Seiten des Kopfes und ist etwa 7 cm von der zweiten entfernt. Vergiss nicht, die Schussfäden immer wieder gut zusammenzuschieben. Außerdem musst du den gewebten Teil des Bandes ab und zu auf die untere Querleiste wickeln und die Kettfäden neu spannen.

Nach drei Figuren hast du etwa die Hälfte des Gitarrenbandes fertiggestellt. Damit die Figuren nicht auf dem Kopf stehen, beginnst du die nächsten jeweils an den Haaren und arbeitest vom Kopf zu den Füßen hin. Auf die gesamte Länge des Bandes verteilt sind 5 Figuren. Zwischen den einzelnen Figuren webst du jeweils 7 bis 11 cm in Streifen.

Ist die gesamte Webarbeit fertig, löst du das Gitarrenband vom Webrah-

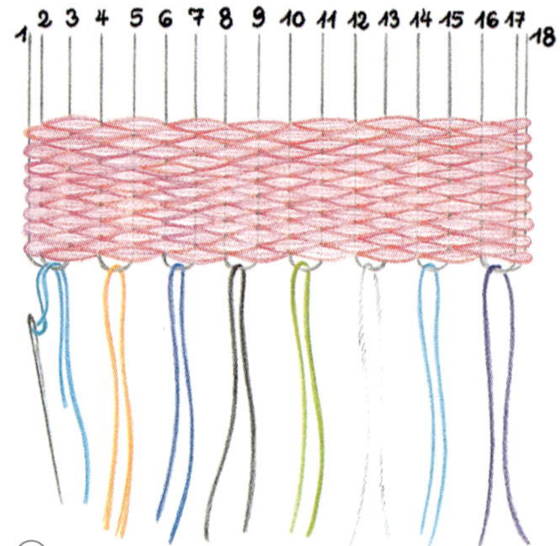

③

men wickelst es von der unteren Querleiste. Von den beim Weben als Schussfaden benutzten Baumwollfäden schneidest du 9 Fäden von jeweils 60 cm Länge ab und ziehst sie mit einer Nadel durch die Kettfaden-Schlaufen am einen Ende des Bandes (Zeichnung 3).

Wie bei den Brillenbändern (Seite 24/25) arbeitest du nun mit jeder Farbe etwa 6 mm Befestigungsknoten und ziehst sie gut an. Wie's geht, steht auf Seite 24/25. Auf die gleiche Weise knüpfst du Befestigungsknoten am anderen Ende des Bandes.

Danach flichtst du die Fäden an beiden Enden zu je einem Zopf (besonders schön, wenn du mit 4 statt nur mit 3 Strängen arbeitest, siehe Zeichnung 6) und

④

⑤

ziehst je einen Holzring auf die Zöpfe. Jeden Zopf legst du um den Holzring zur Schlaufe und umwickelst ihn fest mit Baumwollfaden, damit er hält. Die Fäden verstichst du in der Wicklung (Zeichnung 4).

Schließlich schneidest du zwei Lederschlaufen zu (Zeichnung 5), ziehst jedes durch einen der Holzringe, verklebst es mit Textilkleber und drückst es fest zusammen (Tip: über Nacht mit Wäscheklammern fixieren!).

Bitte einen Erwachsenen, mit dem Bastelmesser einen 2,5 cm langen Schlitz in beide Lederflecken zu schneiden, damit du das Band an der Gitarre befestigen kannst.

Mein Tip

Wie lang das Gitarrenband werden muss, hängt von der Körpergröße und der Haltung des Gitarristen ab. Wenn die Webarbeit fertig ist, solltest du ausprobieren, wieviel Länge noch fehlt und entsprechend lang oder kurz flechten.

Bei meinem Gitarrenband (Gesamtlänge 160 cm) ist die reine Webarbeit etwa 110 cm lang und knapp 4 cm breit. Der geflochtene Teil ist auf der einen Seite 7 cm und auf der anderen Seite 25 cm lang.

⑥

Jonglierbälle

Solche Jonglierbälle sind ganz einfach zu weben: immer rundherum. Allerdings brauchst du etwas Geduld dafür, schon allein deshalb, weil du zum Jonglieren ja mindestens drei Bälle brauchst.

Material

- Rundwebrahmen oder fester Karton
- Webnadel
- festes Baumwollgarn für die Kettfäden
- Reste von Strumpf- oder Topflappengarn, bunt, nicht zu dick
- Sticknadel
- Schere
- Maßband
- Bastelmesser (Von Erwachsenen helfen lassen!)
- Trichter
- Hirse oder Reis als Füllmaterial

So wird's gemacht

Falls du keinen Rundwebrahmen hast, schneidest du für jeden Ball einen Kreis mit 9 bis 12 cm Durchmesser aus festem Karton. Zum Aufzeichnen nimmst du ein Glas, eine kleine Schüssel oder einen Zirkel zu Hilfe. Die Größe der Jonglierbälle hängt von der Handgröße ab: Für eine kleine Hand reichen 9 cm, für eine große benötigt man 12 cm Durchmesser.

Jetzt schneidest du am Rand der Kreise mit Schere oder Bastelmesser 33 kleine Schlitze ein. Es muss auf jeden Fall immer eine ungerade Anzahl von Schlitzen sein.

Die Kettfäden aus festem Baumwollgarn spannst du, indem du an einer Seite das Garn von hinten nach vorn durch einen Schlitz legst, den Faden über die Mitte des Kreises zum gegenüberliegenden Schlitz führst und gleich durch den danebenliegenden Schlitz wieder nach vorne ziehst. Als Nächstes gehst du wieder auf die gegenüberliegende Seite, so dass in

Ein Kreis aus Karton wird ringsum eingeschnitten (oben) und mit Kettfäden bespannt (oben rechts). Dann webst du immer rundherum bis zu den Einschnitten (rechts).

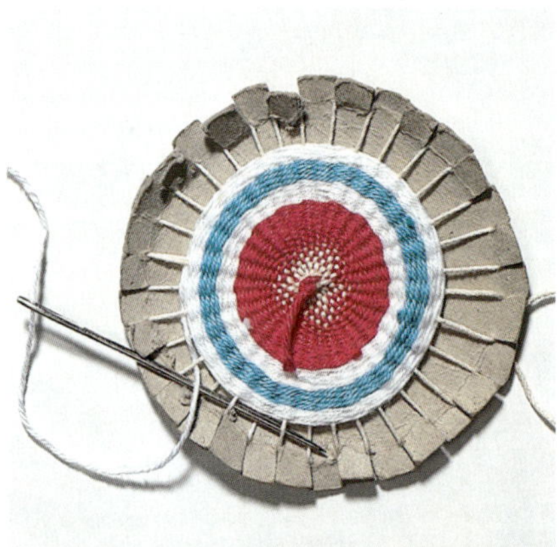

der Mitte des Kreises ein Kreuz entsteht. So fährst du fort, bis alle Schlitze belegt sind. Anfangs- und Endfaden befestigst du auf der Rückseite mit einem Klebestreifen.

Die Kettfäden bilden jetzt einen Stern, dessen Zentrum du genau in die Mitte schiebst und dort mit einem Knoten aus Garn fixierst. Den ersten Webfaden fädelst du in die Webnadel und webst immer rundherum, auf und ab wie beim eckigen Webrahmen. Nach jeder Runde musst du den Faden fest anziehen, denn die Jonglierbälle müssen ganz eng und fest gewebt werden, damit später die Füllung nicht herausquillt. Einen neuen Faden beginnst du immer, indem du einige Kettfäden, die schon mit dem vorhergehenden Faden überwoben waren, mit dem neuen Faden noch einmal überwebst. Die Fadenenden lässt du hängen.

Du webst so lange im Kreis, bis du mit der Nadel nicht mehr weiterkommst. Dann löst du die Kettfäden aus den Schlitzen und schiebst die Webreihen bis zum Rand. Dabei muss sich das Webstück wölben und eine Halbkugel bilden. Auf die gleiche Weise webst du eine zweite Halbkugel. Falls die Pappscheibe beim Abnehmen des Webstückes beschädigt wurde, musst du eine neue zuschneiden.

Jeweils zwei Halbkugeln legst du aufeinander, so dass sie einen Spalt bilden. Mit dem letzten Webfaden nähst du sie in der Mitte mit winzigen Stichen (sonst fällt die Füllung heraus) zusammen, bis nur noch ein kleiner Spalt offen ist. Dabei stichst du immer in die Schlaufen der Kettfäden ein, so dass ein fester Rand entsteht. Die Enden der Webfäden bleiben im Inneren des Balles hängen und müssen nicht eigens vernäht werden. Durch den Spalt füllst du schließlich Hirse oder Reis mit dem Trichter ein. Beim Füllen musst du immer wieder fest stopfen, damit der Ball schön prall wird. Den Spalt schließt du danach mit einigen dichten Stichen.

Duftkugeln »Maus« und »Bär«

Mit diesem hübschen und duftenden Geschenk kannst du zum Beispiel deine Mutter am Muttertag überraschen. Gewebt wird wie bei den Jonglierbällen.

Material

Für zwei Duftkugeln:

- Rundwebrahmen aus Kunststoff, Ø 21 cm
- 2 Webnadeln, gerade und gebogen
- 2 Sticknadeln stumpf und spitz
- Baumwollgarn, beige, für die Kettfäden
- Wollreste, dunkelblau, weiß und beige (Maus); hellblau, mittelblau und dunkelblau (Bär)
- je 1 fertiger Holzkopf »Maus« bzw. »Bär« (Bastelgeschäft)
- 2 Holzperlen, blau, Ø 8 mm
- 2 Holzperlen, rot, Ø 5 mm
- 70 cm Baumwollspitze, weiß, 2,5 cm breit
- 20 cm Rundkordel, blau
- 20 cm Wollfaden, weiß
- etwas Füllwatte
- 6 Teelöffel Reis
- Duftöl »Vanille«
- Rest Volumenvlies
- 2 Pfeifenputzer oder Chenilledrähte
- Alleskleber
- Schere
- Nadel
- Faden

So wird's gemacht

Du bespannst den Webrahmen mit Kettfäden, wie bei den Jonglierbällen (Seite 29/30) beschrieben, und beginnst mit der Rundnadel von der Mitte aus im Kreis zu weben, indem du immer auf und ab fährst. Du musst den Faden immer fest anziehen, damit das Gewebte dicht wird. Am Ende des Fadens brauchst du nicht anzuknüpfen: Du legst einfach Anfang und Ende über einige Spannfäden hinweg aufeinander und webst weiter. Auf dem Rundwebrahmen kannst du bis zum Rand weben.

Bei der Maus habe ich folgendermaßen gewebt:
8 mm beige, 6 mm blau, 18 mm weiß, 38 mm blau.
Sowohl für die Maus als auch für den Bären kannst du dir aber auch jede andere Farbfolge ausdenken.

Wenn du fertig gewebt hast, schneidest du die Kettfäden ab und knotest jeweils zwei zusammen (einmal musst du drei verknoten, denn du hast ja eine ungerade Kettfadenzahl). In die Mitte des Webstücks gibst du 3 Teelöffel Reis, nähst mit einigen Vorstichen um den äußeren Rand herum und ziehst das Gewebe so weit zusammen, dass nur noch eine kleine Öffnung zum Ausstopfen bleibt.

Ein Stückchen Vlies beträufelst du mit Duftöl und stopfst es zusammen mit Füllwatte durch die Öffnung, bis die Webkugel schön prall ist.

In das Loch im Holzkugelkopf steckst du einen zur Schlaufe gebogenen Pfeifenputzer und klebst ihn fest ein. Den Pfeifenputzer steckst du in die gefüllte Webkugel und befestigst den Kopf mit einigen Stichen durch die untere Schlaufe (siehe Zeichnung). Dann ziehst du den oberen Rand fest zusammen und nähst einen Rest Baumwollspitze als Kragen um den Hals und zwei Perlen als Pfoten vorn auf die Kugel.

Wenn du das Dufttierchen aufhängen möchtest, kannst du eine weitere Pfeifenputzer-Schlaufe in das obere Loch des Kopfes kleben und ein Stück Kordel oder einen Wollfaden daran befestigen.

Mein Tip

Selbstverständlich kannst du die Duftkugel auch mit getrockneten Kräutern oder Lavendelblüten füllen.

Weben mit Perlen

Das Perlweben ist ganz einfach: Kleine Glasperlen (Rocaille- oder Indianerperlen) werden Reihe für Reihe in ein Gerüst aus Kettfäden

eingewebt und ergeben so die schönsten Muster. Je mehr Kettfäden du verwendest, um so breiter wird das Band, je mehr Reihen du webst, um so länger wird es.

Den Perlwebrahmen kannst du kaufen (auf dem Foto Mitte und rechts) oder selbst bauen (auf dem Foto links).

So baust du einen Perlwebrahmen

Einen einfachen Perlwebrahmen kannst du an einem Nachmittag selbst bauen. Wenn du noch keine Erfahrung im Umgang mit Nägeln und Hammer hast, hilft dir bestimmt ein Erwachsener.

Material

- 2 Bretter, 1,5 – 2 cm dick, 6,5 cm breit, 7 cm lang
- 1 Brett, 1,5 – 2 cm dick, 6,5 cm breit, 24 cm lang
- 32 kleine Nägel mit Kopf
- Holzleim
- Hammer
- Schraubzwingen

Mein Tip

Falls dein Vater nicht irgendwo passende Holzreste hat, bekommst du die Bretter im Baumarkt oder beim nächsten Schreiner, der sie bestimmt auch noch richtig zuschneidet, wenn du ihn nett darum bittest.

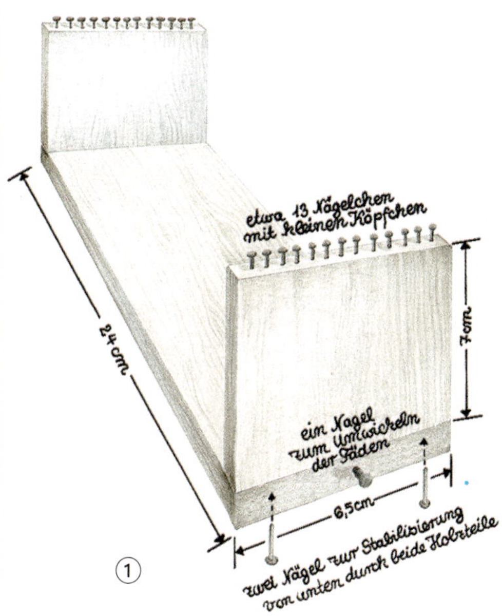

①

So wird's gemacht

Das größere Brett legst du auf den Tisch und bestreichst die Enden des großen Brettes und die Unterkanten der kleinen Brettchen mit Leim. Dann drückst du die Brettchen so aufeinander, wie Zeichnung 1 auf Seite 33 zeigt. Zur Stabilisierung kannst du noch auf jeder Seite zwei kleine Nägel vorsichtig von unten einschlagen. Anschließend solltest du das Ganze mit zwei Schraubzwingen zusammenpressen und einige Stunden trocknen lassen.

Danach schlägst du auf den oberen Kanten jeweils 13 kleine Nägel mit kleinen Köpfen vorsichtig ein. Zeichne dir die entsprechenden Punkte vorher mit Bleistift an, damit die Abstände etwa gleich sind. Die Nägel dürfen allerdings nicht zu eng nebenbeneinander sitzen, weil sich sonst der Kettfaden nicht gut spannen lässt. Zum Schluß schlägst du rechts und links seitlich in das Grundbrett noch je einen etwas längeren Nagel ein, um den du die Kettfäden wickeln kannst.

So spannst du die Kettfäden

Dieser Perlwebrahmen hat die richtige Länge für Fuß- oder Armbänder.

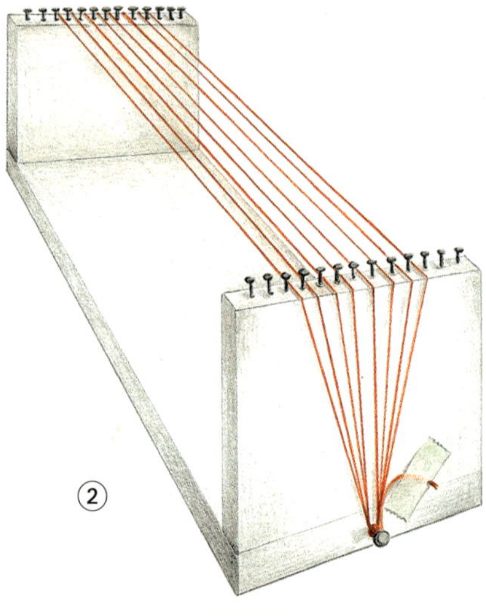

②

Zum Bespannen musst du die Fäden nicht eigens zuschneiden. Du beginnst mit einer Schlaufe, die du über einen der seitlich in den Rahmen geschlagenen Nägel hängst, und ziehst die Kettfäden durch die Nagelzwischenräume zur anderen Seite, unter dem Seitennagel durch und wieder nach oben (Zeichnung 2).

Wenn die Webarbeit fertig ist, schneidest du die Kettfäden direkt an den unteren Nägeln ab. Als Abschluss kannst du sie zu Zöpfen flechten oder zu Kordeln drehen.

Dieser Webrahmen ist besonders gut geeignet zur Anfertigung von Fuß- und Armbändern. Man kann sehr gut damit arbeiten, da man die Perlen ganz einfach von unten durch die Kettfäden drücken kann.

Außerdem hat jedes Band gleich die richtige Länge: Nach dem Weben bleiben auf beiden Seiten genügend lange Kettfäden übrig, um Zöpfe als Verschluß daraus zu flechten. Bei fertig gekauften Perlwebrahmen musst du daran denken, auf beiden Seiten etwa 10 cm Kettfaden zuzugeben.

So webst du

Du verknotest das Ende eines ein bis zwei Meter langen Fadens am linken äußeren Kettfaden, fädelst ihn in eine extrem dünne Perlnadel ein und ziehst die erste Reihe Perlen auf (Zeichnung 3). Du brauchst genau eine Perle weniger, als du Kettfäden gespannt hast. Den Schussfaden mit den Perlen führst du unter den Kettfäden auf die rechte Seite. Mit dem Zeigefinger der freien Hand drückst du die aufgefädelten Perlen zwischen die Kettfäden. Die Perlen müssen jetzt an beiden Seiten durch einen Kettfaden begrenzt sein. Dann führst du die Nadel mit dem Schussfaden von rechts nach links oberhalb der Kettfäden (Wichtig!) durch die einzelnen Perlen zurück (Zeichnung 4). Vorsicht: Du darfst dabei keine Perle auslassen!

Dann nimmst du die Perlen für die nächste Reihe auf den Schussfaden und arbeitest auf die gleiche Weise weiter. Am Ende der Webarbeit ziehst du den Schussfaden durch die schon gewebten Perlenreihen zurück, um ihn zu verwahren.

Wenn während des Webens der Schussfaden zu Ende geht, knotest du ein neues Stück an und führst den Schussfaden durch ein paar schon gewebte Perlenreihen zum Anfang der neuen Reihe zurück.

Das ist schon alles! Beliebige Muster entstehen dadurch, dass du für jede Reihe verschiedenfarbige Perlen entsprechend einer Zählvorlage aufnimmst.

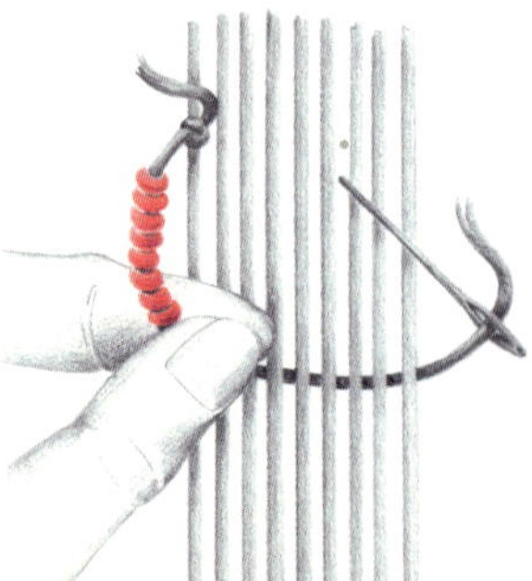

③

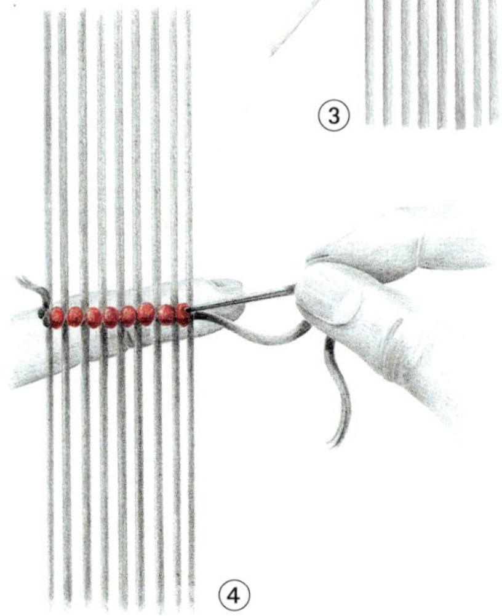

④

Glücksbänder

Glückskleeband

Material

- Perlwebrahmen
- Perlnadel oder sehr dünne Nähnadel
- Indianerperlen: limettengrün und mittelgrün
- *Anchor*-Sticktwist *(Coats Mez)*, mittelgrün (225)
- Schere

So wird's gemacht

Du bespannst den Webrahmen mit 10 Kettfäden aus Sticktwist. Dann halbierst du einen Sticktwist-Faden (er hat ursprünglich 6 einzelne Fäden, du nimmst nur 3 davon) und fädelst ihn in die Nadel ein. Nach der Zählvorlage beginnst du mit einer Reihe limettengrüner Perlen und webst, wie auf Seite 34 beschrieben (Zählvorlage auf Seite 36). Nach 48 Perlenreihen hast du das Band mit 3 Glückskleeblättern fertiggestellt und nimmst es vom Rahmen. Flicht an beiden Enden je einen Zopf und beende die Flechtarbeit mit einem Knoten. Die überstehenden Fadenreste werden gleichmäßig abgeschnitten.

Mein Tip

Denk daran, dass du in jeder Reihe eine Perle weniger hast als Kettfäden (hier: 10 Kettfäden = 9 Perlen).

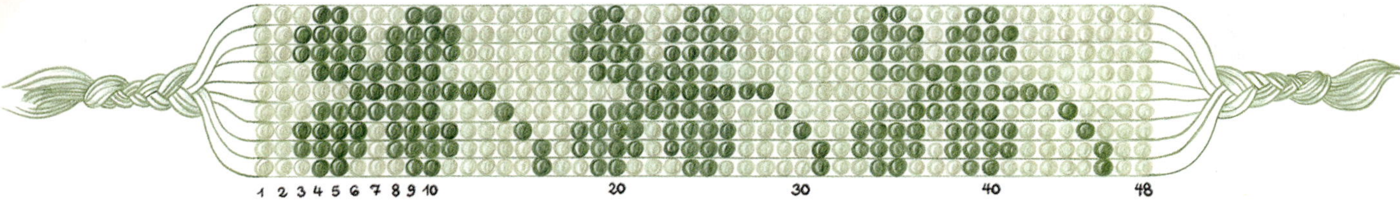

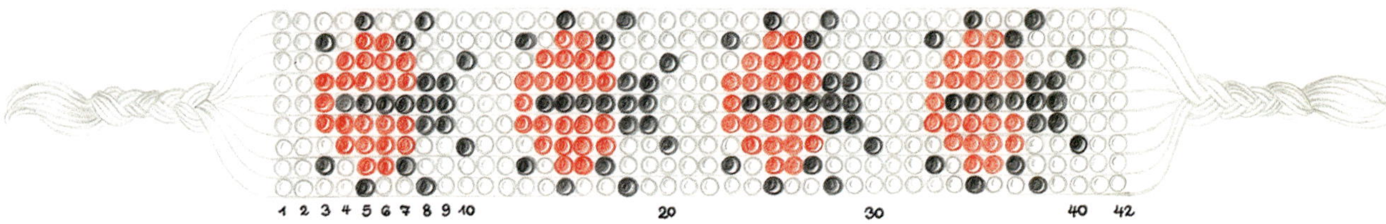

Band »Marienkäfer«

Material

- Perlwebrahmen
- Perlnadel oder sehr dünne Nähnadel
- Indianerperlen: rot, weiß, schwarz
- *Anchor*-Sticktwist *(Coats Mez)*, weiß (1)
- Schere

So wird's gemacht

Du bespannst den Webrahmen mit 10 weißen Sticktwist-Fäden in der Länge des Webrahmens. Danach arbeitest du nach der Zählvorlage und beginnst mit 2 Reihen aus 9 weißen Perlen. Nach insgesamt 42 Perlwebreihen und 4 Marienkäfern ist die Webarbeit beendet. Du nimmst das Band vom Rahmen und flichtst die Kettfäden an beiden Enden zu Zöpfen, die du mit einem Knoten sicherst.

Meine Tips

Bevor du zu weben beginnst, solltest du prüfen, ob du mit deiner Nadel mit dem Faden durch die Perlen hindurchstechen kannst. Viele Nadeln haben ein großes Öhr und gehen schlecht oder gar nicht durch die Perle.

Lass am Anfang und am Ende immer Fäden überstehen, damit du Zöpfe als Verschluß flechten kannst.

Band »Anne«

Material

- Perlwebrahmen
- Perlnadel oder sehr dünne Nähnadel
- Indianerperlen: rot, blau, weiß, schwarz
- *Anchor*-Sticktwist *(Coats Mez)*, rot (335)
- Schere

So wird's gemacht

Du bespannst den Webrahmen mit 10 roten Kettfäden und arbeitest nach der Zählvorlage. Nach 44 Reihen (ca. 12 cm) ist das Band fertig und kann vom Rahmen genommen werden. Du flichtst die Kettfäden zu Zöpfen und verknotest die Enden. Auf Seite 48 findest du ein Alphabet, mit dem du jeden beliebigen Namen zusammenstellen kannst.

Mein Tip

Armbänder sollten nicht mehr als 45 bis 50 Perlenreihen haben, sonst werden sie zu lang. Zeichne dir vor dem Weben eine genaue Vorlage auf Karopapier auf, dann kann nichts schiefgehen.

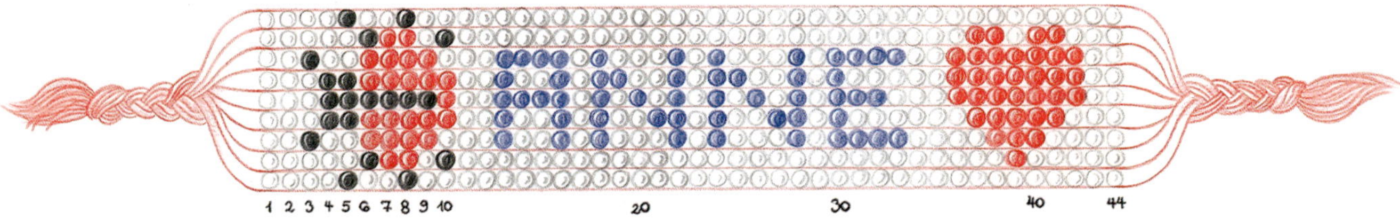

Krokodil

Ausgesprochen beliebt sind diese kleinen Krokodile, die man sehr vielseitig verwenden kann: als Talisman, Brosche, Anhänger an einer Halskette oder als Miniatur für den Setzkasten.

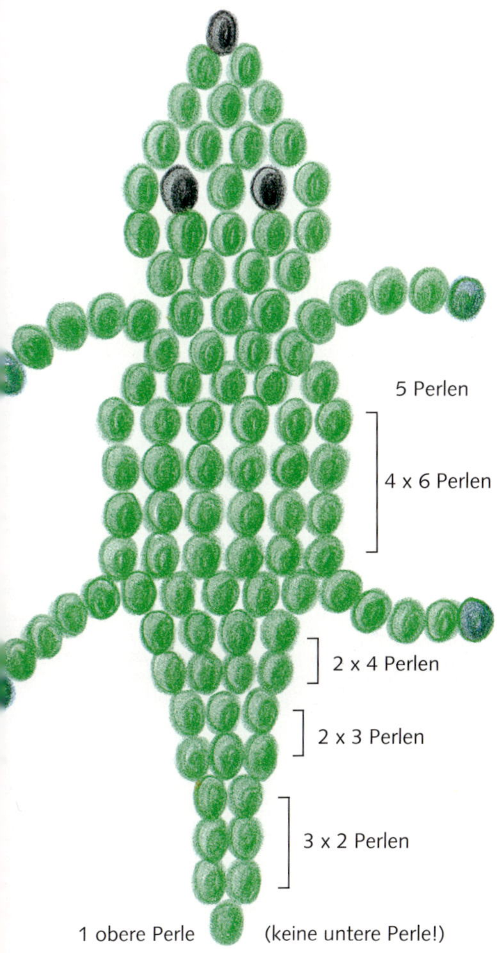

Material

- Polyamidfaden, 150 cm
- 100 Perlen für die obere Perlenseite
- 90 Perlen für die Unterseite
- 3 schwarze Perlen für Nase und Augen (für die Füße nimmt man am besten die gleichen Perlen wie für den Bauch)
- 2 Perlnadeln (sehr dünn)

So wird's gemacht

Da das Krokodil eine Ober- und eine Unterseite hat, wird die Perlenzahl zuerst immer in der oberen Farbe und dann in der unteren Farbe angegeben. Eine Ausnahme bilden die Anfangs- und die Schlußperlen sowie die Füße, die einfach aufgefädelt werden.

1. An beiden Enden des Fadens fädelst du eine Nadel auf. Dann fasst du mit einer Nadel 1 schwarze Perle auf und schiebst diese in die Mitte des Fadens und gehst mit der Nadel noch einmal durch die Perle hindurch (siehe Zeichnung). Dies wird die Nase des Krokodils.

2. Jetzt fädelst du mit einer Nadel zwei obere Perlen auf und schiebst sie zur Nase hin. Mit der anderen Nadel fasst du die 2 Perlen in der umgekehrten Richtung auf und ziehst den Faden an. Das Ergebnis sieht aus wie ein Dreieck. Zieh den Faden fest an und achte darauf, daß die Nase in der Mitte sitzt.

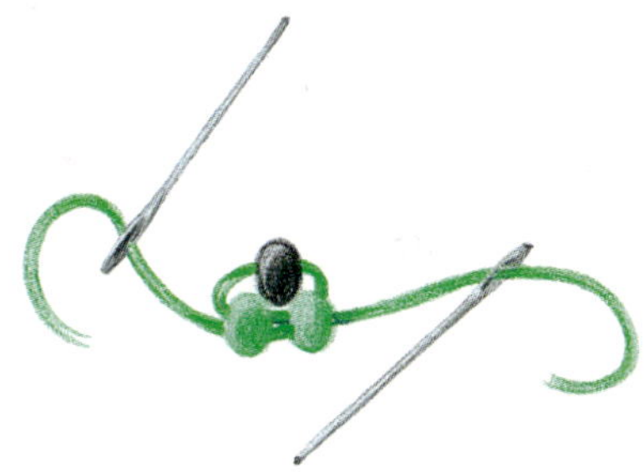

3. Nun fädelst du mit einer Nadel 2 untere Perlen (also Perlen in der »Bauchfarbe«) auf und schiebst sie zu den anderen Perlen. Mit der anderen Nadel fasst du die beiden Perlen in umgekehrter Richtung auf (siehe Zeichnung).

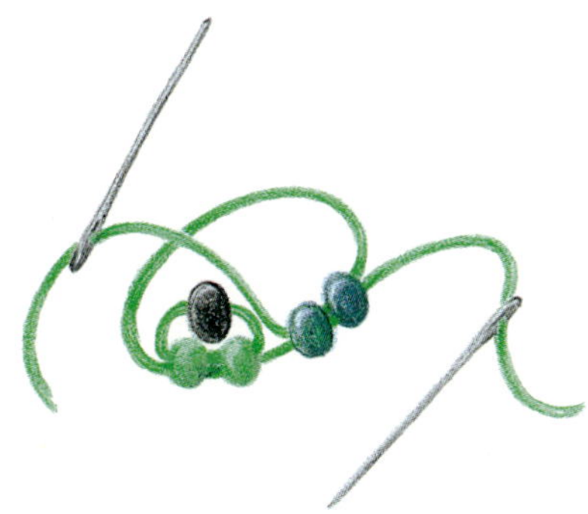

Wichtig: Achte darauf, dass die beiden oberen Perlen auf den unteren zu liegen kommen und die Fäden immer gut angezogen werden!

4. Jetzt fasst du 3 obere Perlen auf und schiebst sie zu den anderen Perlen. Mit der anderen Nadel fasst du diese 3 Perlen in umgekehrter Rich-

tung auf und zieht den Faden fest an. Dann fasst du mit der Nadel 3 untere Perlen auf und schiebst sie zu den anderen Perlen. Mit der zweiten Nadel fasst du diese 3 Perlen in umgekehrter Richtung auf und ziehst wieder den Faden fest an. Dabei achtest du darauf, dass immer Perlen der gleichen Farbe in benachbarten Reihen nebeneinander zu liegen kommen. Bei der oberen Reihe mit 5 Perlen werden die Augen eingearbeitet (siehe Zeichnung des gesamten Krokodils auf Seite 37).

5. So arbeitest du weiter entsprechend der Zeichnung, bis du mit 3 oberen Perlen zur letzten Reihe des Kopfes kommst. Diese 3 oberen Perlen erhalten keine unteren Perlen als Gegenstück (siehe Zeichnung des gesamten Krokodils).

6. Für den ersten Fuß nimmst du nun mit der Nadel 4 obere Perlen und 1 untere Perle auf und schiebst sie zu den anderen Perlen. Dann fasst du die 4 oberen Perlen mit der gleichen Nadel in umgekehrter Richtung noch einmal auf, ziehst den Faden durch und fasst mit der gleichen Nadel noch zusätzlich 4 obere Perlen auf. Diese letzten 4 Perlen sind die Perlen für den oberen Körper. Du musst den Fuß gut an den Körper heranziehen.

7. Mit der anderen Nadel fasst du für den zweiten Fuß 4 obere Perlen und 1 untere Perle auf und schiebst sie wieder an die anderen Perlen heran. Dann fasst du die 4 oberen Perlen mit derselben Nadel in umgekehrter Richtung noch einmal auf, ziehst den Faden durch und fasst die 4 zusätzlichen Perlen (1. Reihe Körper) in umgekehrter Richtung noch einmal auf. Die Fäden gut anziehen.

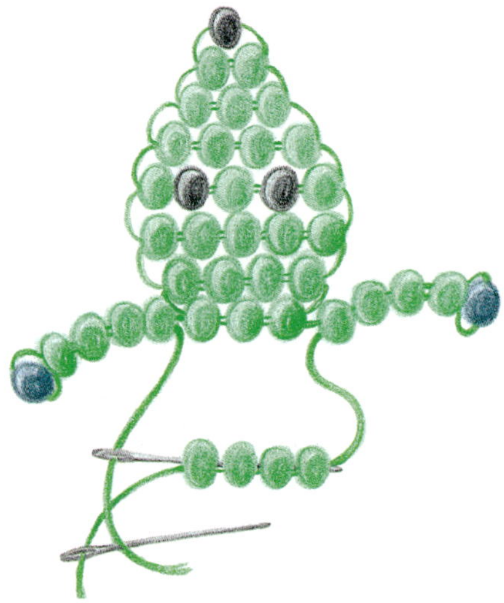

Mit der anderen Nadel wieder 4 untere Perlen aufnehmen und an die anderen Perlen heranschieben. Diese 4 Perlen fasst du mit der anderen Nadel noch einmal in umgekehrter Richtung auf und ziehst die Fäden gut an. Nach der Zeichnung auf Seite 37 weiterarbeiten.

8. Als allerletztes kommt 1 obere Perle ans Schwanzende. Diese Perle hat auf der Unterseite kein Gegenstück. Du stichst mit der Nadel durch je eine der letzten unteren Perlen und verknotest die Fäden.

Mein Tip

Wenn die Perlen für die Oberseite etwas größer sind als die unteren Perlen, wölbt sich der Rücken des Krokodils und wirkt plastischer.

Fußband »Pina Colada«

Ein solches Fußband sieht besonders im Sommer zu kurzen Röcken oder Hosen prima aus. Damit es stabiler wird, bekommt es Abschlüsse aus Leder und wird mit Lederbändern gebunden.

Material

- Schulwebrahmen oder Perlwebrahmen, bei dem man die Länge der Kettfäden verändern kann (fertig gekauft)
- Polyestergarn
- Indianerperlen: hellblau, blau, dunkelblau, limettengrün, smaragdgrün, rot, zitronengelb, beige, rosa
- Maßband
- Klebestreifen
- Lederrest, ca. 5 x 5 cm
- Lochzange oder Bürolocher
- Lederband, mindestens 50 cm lang
- Perlwebnadel
- Schere
- Textilkleber (z.B. von *Knorr*, Art. Nr. 8051208)
- 2 Wäsche- oder Büroklammern

So wird's gemacht

Du bespannst den Webrahmen mit 10 Kettfäden aus Polyestergarn in einer Länge von 40 cm. Zur Stabiliesierung kannst du die äußeren Fäden doppelt nehmen.

Bevor du zu weben beginnst, solltest du dein Fußgelenk abmessen, damit das Band später auch passt. Das abgebildete Band ist – ohne Abschlüsse – 15,8 cm lang. 4 Perlenreihen ergeben etwa 1 cm (miss nach einigen Reihen, ob das für deine Perlen auch stimmt!). Notfalls musst du an den Enden einige Reihen hinzufügen oder weglassen.

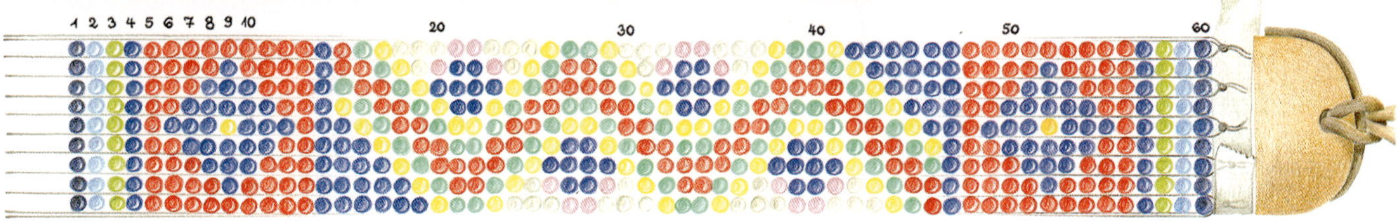

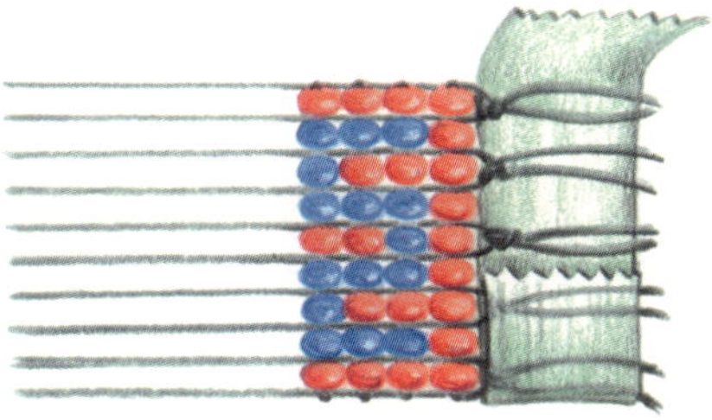

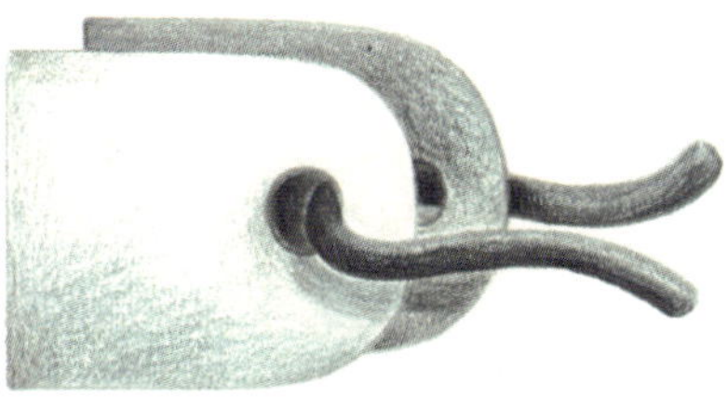

Mit Polyestergarn webst du nach der Zählvorlage. Nach 60 Perlenreihen ist das abgebildete Band fertig und kann vom Rahmen genommen werden. Du verknotest die Endfäden, legst das Webstück flach auf den Tisch und klebst kleine Klebestreifenstücke ganz vorsichtig quer auf die Endfäden – direkt hinter die Perlenreihen am Anfang und Ende des Bandes. Die Enden der Klebestreifen schlägst du um und drückst sie fest an, so dass die Kettfäden dazwischen eingeschlossen sind. Aus einem Lederrest in der Breite des Bandes schneidest du 4 gleich große Stücke zu und knipst mit der Lochzange oder dem Bürolocher je ein Loch in die Enden. Jeweils zwei Lederstücke klebst du mit Textilkleber über dem Klebestreifen zusammen und rundest sie mit der Schere ab. Mit Wäsche- oder Büroklammer hältst du diese Abschlüsse über Nacht zusammen, bis der Klebstoff getrocknet ist. Dann ziehst du durch die Löcher jeweils ein dünnes Lederband.

Mein Tip

Gib am Anfang und am Ende jeweils 10 cm Kettfaden zu, dann kannst du später die Verschlüsse bequem arbeiten.

Blümchenhalskette

Solche Blümchenketten sind ein hübscher Schmuck: als Hals- oder Armkettchen, am Fußgelenk oder als Fingerring. Du kannst damit aber auch Reißverschlüsse, Blusen, Jacken oder Stoffschuhe verzieren.

Material

- 346 Indianerperlen, blau-weiß
- 57 Indianerperlen, dunkelblau
- 1 größere Mittelperle für die Halskette
- Polyamid-Faden, transparent
- Perlwebnadel oder sehr dünne Nähnadel (entsprechend dem Loch der Perlen)
- Federring und Öse, silberfarben (als Verschluss)
- Schere

So wird's gemacht

Diese Blütenkette besteht aus 57 kleinen Blüten, die sich aneinanderreihen. Das ergibt eine Länge von 38 cm. Bevor du anfängst, solltest du dir genau ausrechnen, wieviele Blüten du für deine Halsweite brauchst. Wenn du ganz kleine Perlen (siehe Foto Seite 42) verwendest, benötigst du für 10 cm 15 Blüten. Und so wird – ganz ohne Rahmen – gewebt (siehe Zeichnungen):

1. Du fasst 4 blau-weiße Perlen auf und knüpfst den Faden so zusammen, dass die Perlen ein Quadrat bilden. Vor dem Knoten lässt du etwa 15 cm Fadenlänge stehen. Damit kannst du später die Öse annähen. Dann fasst du 3 blau-weiße und 1 blaue Perle auf und stichst von rechts nach links durch die zweitletzte Perle.

2. Du fasst 3 blau-weiße Perlen auf, stichst von links nach rechts durch

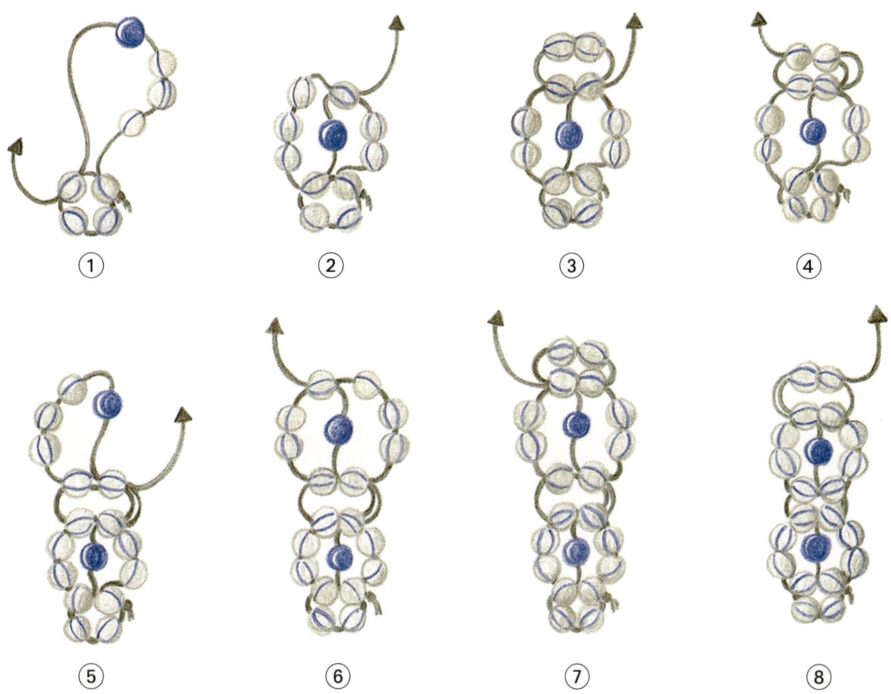

die Perle rechts von der blauen Perle und ziehst den Faden fest an. Jetzt ist die erste Blüte fertig. Zieh den Faden immer ganz fest an!

3. Du fasst 2 blau-weiße Perlen auf und stichst von links nach rechts durch die beiden oberen Perlen der Blüte.

4. Dann fasst du von rechts nach links die beiden oberen Perlen noch einmal auf.

5. Du fasst 3 blau-weiße Perlen und 1 blaue Perle auf und stichst von rechts nach links durch die zweitletzte Perle.

6. Du fasst 3 blau-weiße Perlen auf und stichst von rechts nach links durch die Perle vor der dunklen Perle.

7. Du fasst 2 blau-weiße Perlen auf und stichst von rechts nach links durch die beiden oberen Perlen.

8. Dann fasst du von links nach rechts die beiden oberen Perlen noch einmal auf.

Jetzt beginnst du wieder bei Punkt 2 und webst weiter, bis deine Kette lang genug ist. Schließlich nähst du mit einigen wenigen Stichen den Verschluß und die Öse an und verwahrst die Fadenenden so gut wie möglich in ein paar Blüten. Falls die Fäden nicht mehr lang genug sind, kannst du die Kette auch mit einem Tropfen Klebstoff und mit einer Kalotte (ein Klemmverschluss aus dem Bastelgeschäft) beenden, die du fest über den Endknoten drückst.

Meine Tips

Zum Anziehen der Fäden solltest du eine Bastelzange (oder notfalls die eigenen Zähne) nehmen, da der glatte dünne Faden sonst immer aus den Fingern rutscht.

Bei großen Perlen kannst du statt der feinen Perlnadel auch eine normale Nadel nehmen, aber ich finde die Blüten um so schöner, je kleiner die Perlen sind.

Fußkettchen »Christina«

Wer dieses gelb-blaue Zehenfußkettchen trägt, erntet bestimmt viele Komplimente. Das abgebildete Band ist etwa für Schuhgröße 37 gedacht.

Material

- 380 Indianerperlen, mittelgroß, gelb
- 130 Indianerperlen, mittelgroß, blau
- Perlonfaden oder Zahnseide
- Perlwebnadel oder sehr dünne Nähnadel
- Federring und Öse als Verschluss

So wird's gemacht

Du arbeitest wie bei den Blümchenketten (Seite 41/42). Bei diesem Kettchen folgt auf 5 gelbe Blüten mit blauem Mittelpunkt eine blaue Blüte mit gelbem Zentrum. Diese Reihenfolge wechselt sich etwa zehnmal ab. Nach 55 gelben und 10 blauen Blüten hast du die Gesamtlänge von ca. 50 cm erreicht. Damit das Band auf dem Fußrücken (Rist) etwas breiter wird, arbeitest du noch ein kurzes Band mit 4 gelben, 1 blauen und weiteren 3 gelben Blüten.

Nun legst du das Band vor dich auf den Tisch (rechts und links jeweils etwa 25 cm, Enden nach oben), so dass auf beiden Seiten gleich viele Blüten liegen. Die unteren 9 bis 10 Blüten bilden die Schlinge für den Zeh. Nach dieser Schlinge aus 10 Blüten nähst du das kurze Band als dritte Reihe zwischen die beiden äußeren Reihen. An den Enden nähst du den Federverschluss an.

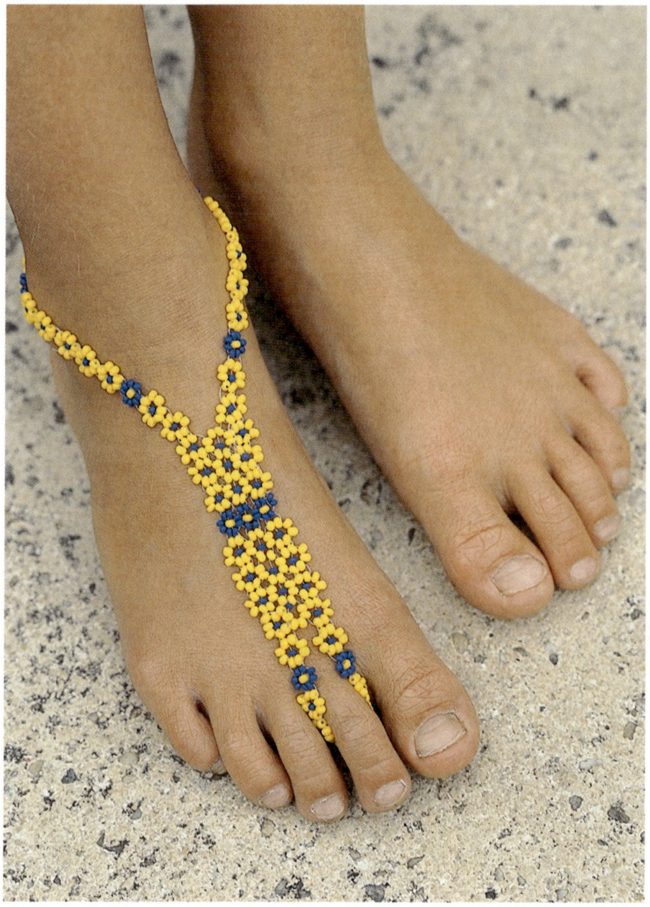

Experimentelles Weben

Naturwebrahmen »Sonntagsspaziergang«

Fundstücke von einem langen Spaziergang kannst du in ein solches Objekt einweben, das die Wand deines Zimmers schmückt. Auch die kleine Vogelscheuche ist selbstgemacht.

So wird's gemacht

Die vier Stöcke legst du zu einem Quadrat. An den Kreuzungspunkten der vier Ecken schnürst du die Stöcke mit Bast und Schnur zusammen. Dabei musst du darauf achten, dass das Quadrat gut auf einer geraden Fläche aufliegt.

Mit den Kettfäden bespannst du diesen einfachen Webrahmen von unten nach oben. Du brauchst etwa 20 Kettfäden, die einen Abstand von mindestens 1 cm zueinander haben sollten, sonst bekommst du später ziemliche Schwierigkeiten beim Durchziehen der Gräser.
Das Weben unterscheidet sich nicht vom Weben mit Wolle. Du führst die Gras- und Kornhalme immer auf und ab durch die Kettfäden. Unten kannst du an den Webrahmen 13 kleine Tannen- oder Kiefernzapfen mit Bast anbinden.

Material

- 4 Stöcke, ca. 40 cm lang
- Bast oder Schnur
- 8 m Kettfaden (z.B. von Rayher, Nr. 9)
- verschiedene Gräser und Gerstenhalme
- Farnblätter
- 13 kleine Kiefernzapfen

Vogelscheuche zum Naturwebrahmen

Material

- 1 Holzkugel
- Bast, naturfarben (Bastelgeschäft oder Blumenladen)
- 2 Stöckchen
- Stoffreste
- Wollreste
- Schere
- Klebstoff

So wird's gemacht

Nimm ein Büschel Bast und leg es zur Hälfte zusammen. Unterhalb des Knicks bindest du den Kopf ab. Ein zweites Büschel ziehst du als Arme und Hände durch den Oberkörper und bindest die Hände und die Taille ab. Unterhalb der Taille teilst du den Baststrang, so dass zwei Beine entstehen, die du mit je einem Stöckchen stabilisierst, bevor du die Füße abbindest. Hemd und Hose schneidest du grob aus Stoffresten aus und befestigst sie ganz einfach durch Umwickeln mit Bast oder Wolle. Auch der Hut wird einfach ausgeschnitten und wie eine Tüte zusammengerollt. Damit er stabiler wird, kannst du einen Rest Bügelvlies (z.B. *Vlieseline*) darunterbügeln. Wer's naturalistischer mag, kann statt des einfachen, abgebundenen Kopfes eine Holzkugel bemalen und am Bastbüschel befestigen.

Diese Vogelscheuche kannst du an einer Ecke deines Webbildes mit Bast anbinden.

Traumbild

Dieses Wandbild ist den indianischen »Traumfängern« nachempfunden: Für die Indianer hatten solche Bilder den Sinn, schöne Träume zu beschwören und schlechte Träume zu vertreiben. Du wirst sehen: Es macht Spaß, sich ein Objekt erst während des Webens auszudenken.

Material

- 1 Metallreif (Ø 14 cm, erhältlich im Bastelgeschäft)
- Baumwollgarn, beige (Stricknadelstärke 2,5), als Kettfaden
- Wollreste in verschiedenen Farben
- Wellpappe, blau, 14 x 14 cm
- Sticknadel, stumpf
- Schere
- Textilkleber (z.B. von *Knorr*)
- 1 Holzknopf, bunt
- Holzperlen in verschiedenen Größen und Farben
- 3 Bambusstäbchen, je 2,7 cm lang
- 4 Federn

So wird's gemacht

Leg den Metallreif vor dich hin und bespanne ihn kreuz und quer mit beigefarbenen Kettfäden. Du beginnst immer mit einem Knoten am Reif und wickelst auf der gegenüberliegenden Seite den Faden einige Male um den Reif. Nach dem Bespannen sieht der Metallreif wie ein Spinnennetz aus.

Jetzt beginnst du in der Mitte zu weben und füllst in der Stopftechnik verschiedene Dreiecke in jeweils einer Farbe aus. Mit jedem ausgefüllten Dreieck wird das Fantasiebild stabiler. Fadenenden vernähst du im bereits Gewebten. Auf den Dreiecken und am Rand des Reifs nähst du nach Belieben den bunten Knopf und die Perlen auf. In der Mitte des Bildes befestigst du einen etwa 8 cm langen, aus braunen Wollfäden geflochtenen Zopf, an dessen Ende du Federn und Perlen nähst. Daneben hängt eine Kette aus bunten Perlen und Bambusstäbchen, die auf einen braunen Wollfaden aufgefädelt sind (Faden unten verknoten).

Wenn du mit deinem Werk zufrieden bist, legst du den Metallreif auf die blaue Wellpappe, zeichnest den Umriss genau nach und schneidest ihn aus. Auf die Rückseite der gewebten Teile gibst du ein paar Tropfen Alleskleber und drückst das Webstück fest auf die geriffelte Seite der Wellpappe.

Anschließend wird der ganze Reif umnäht. Dabei solltest du ab und zu am Rand in die Pappe einstechen, damit sie besser fixiert ist. Zum Schluß entscheidest du, wo bei deinem Bild oben und unten sein soll, und bringst eine kleine Schlaufe am oberen Reifrand an, um das Bild auch aufhängen zu können.

Mein Tip

Wenn du die Wellpappe für den Hintergrund weglässt, kannst du deinen »Traumfänger« auch mitten im Zimmer als Mobile aufhängen.

Fachbegriffe

Kursiv gesetzte Begriffe verweisen auf das entsprechende Stichwort.

Fach
Bei professionellen *Webstühlen* und anspruchsvolleren *Schulwebrahmen:* Zwischenraum zwischen den angehobenen und den abgesenkten *Kettfäden,* durch den das *Weberschiffchen* »durchgeschossen« wird. Nach jedem *Schussfaden* werden die angehobenen Kettfäden gesenkt und umgekehrt (= Fachwechsel).

Kamm
heißt sowohl der grobzinkige Kamm, mit dem der *Schussfaden* an den bereits gewebten Teil herangeschoben (= angeschlagen) wird, als auch die geschlitzte Walze, über die die *Kettfäden* beim *Schulwebrahmen* laufen und die das Fach bildet *(Webkamm).*

Kettbaum
Querlatte oder -leiste am oberen Ende des *Webstuhls* oder *Webrahmens,* auf die ein Vorrat an *Kettfaden* aufgewickelt werden kann.

Kette, Kettfaden
Senkrechte Fäden, die auf den *Webrahmen* oder *Webstuhl* gespannt sind.

Lehrwebrahmen
siehe *Schulwebrahmen* und *Motivwebrahmen.*

Leinwandbindung *(= Stopftechnik)*
Einfache Webtechnik: Der *Schussfaden* wird abwechselnd über und unter einem *Kettfaden* geführt. Die Kettfäden werden abwechselnd angehoben und abgesenkt.

Motivwebrahmen
Einfacher *Webrahmen,* bei dem die Kettfäden durch das *Weberschiffchen* oder die *Webnadel* angehoben oder gesenkt werden, ohne mechanische Vorrichtung zum Wechseln des Fachs. In verschiedenen Größen erhältlich.

Rundwebrahmen
Ringförmiger *Webrahmen* aus Holz, Kunststoff oder Pappe, auf dem die *Kettfäden* strahlenförmig gespannt werden. Der *Schussfaden* wird mit einer *Webnadel* von der Kreismitte nach außen eingewebt.

Schiffchen
siehe *Weberschiffchen.*

Schulwebrahmen
Webrahmen, bei dem das Fach durch eine geschlitzte Walze gebildet wird: Nach dem Durchschießen des *Schiffchens* und dem Anschlagen des *Schussfadens* mit dem Kamm wird die Walze leicht in die jeweils andere Richtung gedreht, so dass die vorher gesenkten *Kettfäden* jetzt angehoben werden und umgekehrt (= *Fachwechsel).* Schulwebrahmen sind in verschiedenen Größen erhältlich.

Schuss, Schussfaden
Waagerechter Faden, der mit *Webnadel* oder *Weberschiffchen* quer zur *Kette* eingewebt wird und sich mit der Kette zum Gewebe verbindet.

Stopftechnik
siehe *Leinwandbindung.*

Warenbaum
Querlatte oder -leiste am unteren Ende des *Webstuhls* oder *Webrahmens,* auf die bei längeren Webstücken der bereits fertig gewebte Teil aufgewickelt wird.

Weberschiffchen
Schmale, flache Leiste aus Holz oder Kunststoff, an den Schmalseiten geschlitzt, zum Aufwickeln und Verarbeiten des *Schussfadens.*

Webkamm
Geschlitzte Walze, über die die Kettfäden beim Schulwebrahmen laufen und die das *Fach* bildet.

Webnadel
Große Nadel aus Metall oder Holz für den *Schussfaden.*

Webrahmen
Rahmen aus Holz, Kunststoff oder Karton, der mit *Kettfäden* bespannt wird. Siehe auch *Motivwebrahmen, Rundwebrahmen* und *Schulwebrahmen.*

Webstuhl
Professionelles Gerät zum Weben von Stoffen und Teppichen.

Bezugsquellen

Webrahmen
Klass & Gessmann
Postfach 2021
72710 Reutlingen

Kettfaden
Rayher Hobby GmbH
Fockestraße 15
88471 Laupheim

Garn
Coats Mez
Postfach 1179
79337 Kenzingen

Textilkleber
Knorr Hobby GmbH
Postfach 1240
96215 Lichtenfels

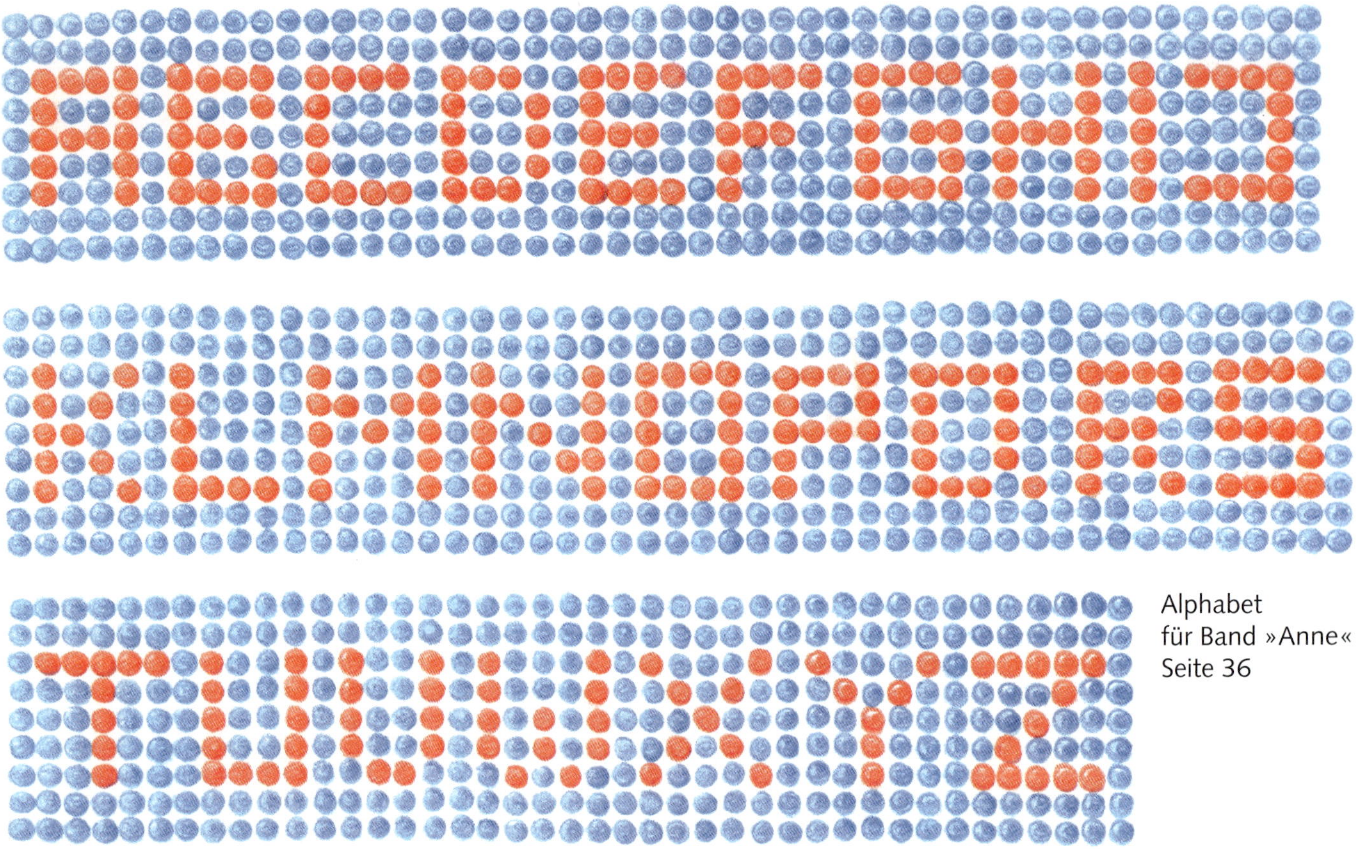

Alphabet für Band »Anne« Seite 36

Die Deutsche Bibliothek –
CIP Einheitsaufnahme

Buntes Weben mit Kindern : Ideen für Garn, Papier und Perlen/ Marina Schories. –
Augsburg : Augustus-Verl., 1998
ISBN 3-8043-0571-7

Von Marina Schories sind auch folgende Bücher aus dem Augustus Verlag lieferbar:
- *Freundschaftsbänder selber knüpfen*
- *Freundschaftsbänder – Neue Knüpf-Ideen*
- *Sag's mit Freundschaftsbändern*
- *Perlweben*

Dank der Autorin
Ich danke der Firma Klass & Gessmann, Reutlingen, die Webrahmen aus ihrem Sortiment für die Fotoaufnahmen zur Verfügung stellte, Michael Grewe Augenoptik, Freiburg, die uns Sonnenbrillen für die Fotoaufnahmen lieh, sowie Dr. Irmgard und Angelika Gierl, die die afrikanische Plastik beisteuerten. Mein besonderer Dank geht an meinen Mann Klaus, der nicht müde wird, mich bei meiner Arbeit zu unterstützen. Das Gitarrenband (S. 26) widme ich meinem Gitarrenlehrer Andreas.

Fotografie: Klaus Lipa, Augsburg
Lektorat: Helene Weinold-Leipold
Grafiken/Zeichnungen: ParaDesign, Claudia Wiedenroth, Niederstaufen
Umschlaggestaltung: Christa Manner, München

Layout: Anton Walter, Gundelfingen

Augustus Verlag Augsburg 1998

Satz: 10 Punkt Syntax in QuarkXPress von DTP-Design Walter, Gundelfingen
Reproduktion: GAV Prepress, Gerstetten
Druck und Bindung: Appl, Wemding

Gedruckt auf 115 g umweltfreundlich elementar chlorfrei gebleichtem Papier.

ISBN 3-8043-0571-7
Printed in Germany